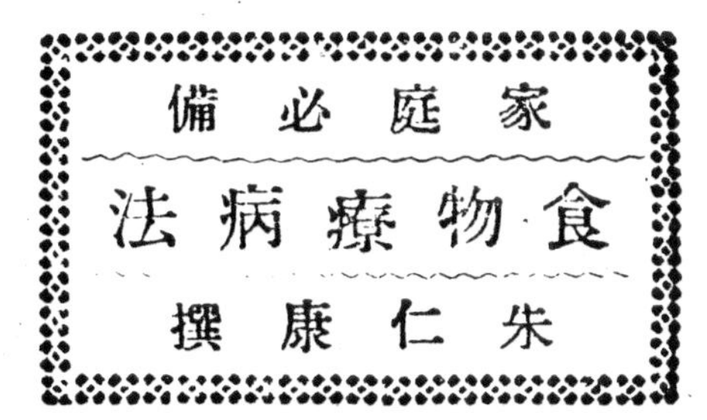

1937

上海中央書店印行

家庭食物療病法

民國三十五年十一月再版
家庭食物療病法　全書一册　實價國幣
外埠酌加寄費匯費

編撰者　朱仁康
校訂者　汪濰碧
出版者　上海中央書店
印刷者　上海中央書店
發行者　上海中央書店

總發行所上海四馬路世界里中央書店
分發行所上海及各省各大書局

家庭食物療病法目錄

緒論

第一章　果品

第二章　茶點

家庭食物療病法

第三章　蔬品

第四章　菜莖

第五章 瓜芋

第六章 米麥

第七章 肉類

第八章 禽獸

第九章 魚類

第十章 水產

第十一章　海產

第十二章　補品

家庭食物療病法

家庭食物療病法題記

吾國人士。對飲食之烹調選擇。素極究心。上古春秋之時。雍巫見幸於齊桓公。卽以擅長五味烹調而進。此可見食物選求製作歷史。在吾國之深長且遠矣。秦漢而後。一般特殊階級。爲完備物質之享受於聲色耳目之外。更致力於口腹供養。用是山珍海錯。悉列郇廚。異物殊產。盡登盤俎。食前方丈。席滿嘉餚。五味之調和旣精且備。三餐之奉養變化不窮。在上之帝王公卿倡導啓示。在下之豪强巨賈摹擬追隨。其積極展進。炫奇競巧之情況。固非食不厭精。膾不厭細二語所能賅舉者也。雖然。惟飲食之是謀。固無傷於大雅。窮口腹之供養。亦出入之小德。祇斯末節。吾人自無取苛議。腹誹所惜者。昔之食物。但選精奇。科學衞生。概加擱置。此於個人健康。種族進化。未免不甚洽宜。際茲科學日昌之時。允宜有漸進之改革。以無忤食物養生之主旨。此朱仁康先生所由有本書之撰述也。朱君爲滬上名醫。橋井杏林。久著仁術。臨診之暇。出其餘緒。成此弘編。一方不背習俗之好尙。一方卽假食物之供御。作醫療之輔助。語不背於常理。物咸窮其性質。學術經驗。兩俱充盈。異品常餚。悉皆載錄。研討以大衆爲對象。應用以健身爲旨歸。匪僅備食譜食單之所長。抑且賅診斷醫療之常識。家庭主婦。固宜備此一編。抱恙病人。尤宜循學矜式。使人人能宗師本編所述。身體力行。造成習慣。播傳提倡。延譽同胞。則其收益。又豈個人之康強健壯已乎。國家之強大。種族之繁衍。社會之惇樸。陋俗之革新。胥將於此肇端。若僅以食譜食單視之。則未免蔽於淺見。負作者苦心矣。校讀旣終。用贅數語。甚望讀之者勿忽之焉。民國念六年新安汪漱碧謹識。

家庭食物療病法

無錫 朱仁康著述
梁溪 高瑞芝
南通 陸紹元 錄訂

緒論

病魔染身、乃人生大不幸事、呻吟床榻、精神困頓、甚則痛澈肺腑、呼天喚地、求醫索藥、在所不免、以靳苦海早離、然良藥苦口、人盡共曉、一劑當前、先嗅其氣、已現厭惡、靡不搖首蹙眉、因循遷延、勢又不免一服、希早却病豎、此誠苦事、更以小兒爲最、嘗啜未竟、已見頻吐、欲求再進、難若登天、雖哄騙備至、奈不聽何、甚至箍口緊扼、捧首拽足、出之強灌、半屬浪漓、欲求見効、甚難矣哉、

著者臨診之頃、耳濡目染、屢見不鮮、深爲感喟、嘗發奇想、如何解除此難題耶、庸知天地間造物、無微不至、念及家用食物綦夥、其能賴以療疾者儘多、一菜一果、俯拾卽是、收効既宏、且均甘美適口、老幼咸喜、甚至一皮一蒂、人所拋棄、廢物利用、功偉屢著、更不費分文、嘉惠貧病、食物療病之意義、誠大矣哉、爰擇暇撮述成篇、將本書之旨趣、先約略言之、

食物每因產地土質之不同、其品性故有參差、良莠不齊、故首先備「產地」一格、以明取舍、

食物之性、寒溫互異、味亦甘鹹不一、更有貴重食品、眞僞莫辨、故次列「形狀」一格、藉便識別、

食物利弊互見、昧者不明、恣意飲食、利未見而弊叢生、故備「辨性」一格、俾示指導、

食物治病、功効綦多、尤於何者有特効、故備「功能」及「效方」二項、力求其詳、按方製備、效如桴鼓、

食物療病之効、其故安在、儘有知其然而不知其所以然、故備「成分」及「作用」二格、以明其理、

病家遇醫者、諄諄以何者宜食、何者忌進、爲詢、設一旦偶攖小疾、又無醫者在旁、以資顧問、故備「宜忌」一項、俾便隨時翻檢、

殷實之家、身價綦重、每以使身心如何強健爲先決問題、或疾病初愈、服何補劑、疑惑莫決、故備「補品

家庭食物療病法

」一章、以資有所適從、

第一章　果品

果品多含糖分而缺乏蛋白質、脂肪、且其中果酸、可助消化、但過食則傷胃、且未熟之果食之易起腸胃病、又果皮上附有傳染病菌、夏季尤宜慎之、

一　杏仁能潤肺止咳

[產地]北杏產直隸、烟台、牛莊、山東等地、此外山西、陝西、湖北、河南亦有出產、三伏後五月出新、

[形狀]杏樹爲落葉喬木、高丈餘、實爲圓形核果、生綠熟黃、果肉與核極易分離、熟者可啖、可作杏脯及蜜餞、其核仁卽杏仁、作扁平心臟形、皮外呈黃褐、內玉白色、

[成分]杏仁浸水中一二小時、外衣便可脫去、味苦、注入擣碎則呈揮發性苦扁桃油、有香氣、含有亞蜜哥他介及愛謨爾聖之蛋白質醱酵素、脂肪油、護膜、糖汁等、

[種別]黃而圓者名金杏、大如梨、黃如橘、核大而扁、其味最勝、扁而青黃者名木杏、味酢、熟時色青白或微黃、味甘淡而酢、名白杏、甘而有沙者、名沙杏、黃而帶酢者爲梅杏、青而帶黃爲柰杏、

[功能]祛痰、鎭咳、瀉肺、潤燥、解肌、下氣、

[主治]傷風、受涼、或因流行性傳染而發咳嗽、或肺癆、乾咳、百日咳、潤大腸、便秘者宜之、亦可作酪湯飲、功能潤肺、

[作用]入胃後與胃酸分解而成青酸、被腸壁吸入血中、能抑制組織中之氧化機能、使不攝取酸素、同時大腦神經被激痲醉、全身知覺亦感不甚敏銳、而肺臟神經亦被痲木、故能制止咳嗽、治氣管枝炎、

[宜忌]雙仁者不可食、食之殺人、杏肉酸熱、有小毒、不宜多食、生食多食傷筋骨、小兒多食易生癰瘡、

[驗方]治頭風頭腦隱隱作痛不止、先將杏仁四兩、去皮、胡桃四兩炒燥、一同舂爛、和白蜜四兩、置蓋碗中、不時取食、其患卽愈、且味美氣香、無病亦可備食、甚有益也、

康按杏仁味甘苦氣溫、淸肺之藥也、復入大腸潤大腸之燥、故肺氣不利而咳逆喘急、肺受風寒、咳嗽有痰、肺氣鬱閉、而爲大腸燥結、用之不惟有理氣潤肺之功、而且有潤腸活燥之效、蓋肺與大腸相表裏、臟通則腑通、臟順則腑順也、準此則杏仁之能治氣潤燥、意可見焉、而且能散風、解飢、消積、理結、有發散之意、

甜杏仁即叭咀杏仁、出回回舊地、今關西諸處亦用之、樹如杏而葉小、實亦尖小、肉薄、核如梅核、殼薄而仁較杏爲大、其味甘美、可供茶點、功能止咳下氣、消心腹逆悶、以治虛勞咳嗽最良、

二　橘皮開胃橘紅化痰

〔形狀〕橘樹屬山果木、高丈餘、枝多生刺、刺出莖間、與楊無辨、六七月間結實、至冬黃熟、大者如盃、包中有瓣、瓣中有核、其皮紋細而薄、色紅內多筋脈、味苦辛、

〔功能及類別〕橘子甘平、潤肺、解醉、止渴、閩產者名福橘、黃岩所產、皮薄色黃者名蜜橘、俱無酸味、而少核、皆爲佳品、然多食生痰、聚飲、風寒咳嗽及有痰飲者勿食、味酸者、戀膈滯肺、尤不益人、並可糖醃、作脯、尤甘美可口、

〔方劑〕1. 治乳岩神方、及一切吹乳腫痛、用橘一枚、連皮帶絡及核俱全者、取瓦二片而炙之、令焦研末、用黃酒吞服、服後數枚即愈、若腐爛潰膿已甚者、服之十枚、無不全愈、眞神方也、惟橘每炙可三四枚、但研祗可一枚一研、不可同研爲要、

2. 酒福橘、即酒罎內者、治乳癰有效、未成即散、已成即潰、痛不可忍、即不疼、神驗不可言喩、惟紹酒內有此一物、

橘皮又有廣皮、陳皮、新會皮、靑鹽陳皮、參貝陳皮等稱、

產廣東新會爲最、以十一月冬至前收者爲合宜、最好者軟紅皮、第二大紅皮、第三極紅皮、第四蘇紅皮、第五式紅皮、第六揀紅皮、第七旱水皮、第八靑皮、橘皮以陳年辛辣之氣稍和爲佳、故曰陳皮、以廣東

家庭食物療病法

化州最佳、有茸毛、今有所謂賴家園橘紅者、即化州賴氏所植者也、其通用者則新會所產、味和而辛不甚烈、福州及衢縣所產、味苦氣濁、且辛烈更甚、近多用之、非佳品也、

[功能]利氣、化痰、燥濕、行滯、用作芳香健胃藥、及發汗藥、祛痰藥、留白者通稱陳皮、去白則曰橘紅、降氣和中、泄化痰飲、宜留白為佳、若專作疏散用、取其氣勝、則宜橘紅、連白者用一錢至錢半、去白者不過一錢、去紅者名橘白、能化痰降氣、和胃化濁、

[驗方]耳內流膿、橘皮三錢、用瓦片置炭爐上、炙炭研細、用絹綳篩篩出細末、加冰片五分、調勻候用、先將耳內黃水及膿用棉花拖盡、然後將此藥、吹耳內、

青鹽陳皮、即蘇州宋公祠之遺法也、方用陳皮二斤河水浸一日、竹刀刮去渣、白貯竹筐內、沸湯淋三四次、用冷水洗淨、不苦為度、晒之半乾、可得淨皮一斤、先用甘草烏梅煎濃汁拌晒、夜露、俟研碎如豆大、再用川貝青鹽、研末拌勻、晒露乾收貯、

[功能]消痰降氣、生津開鬱、運脾調胃、解毒安神、

化橘紅乃橘紅之產于廣東舊化州署內者、真者作甜香、取其汁一點、入痰盂內、痰變為水、此為上品、近今通行有綠色黃色兩種、均七歧對摺、質薄有毛、黃色較綠色又貴、雖非真品、皆屬柚皮之類、然用于寒濕疾病尚效、凡屬陰火熱疾、及肝火爍肺、涎痰皆忌服、誤用之反增劇、甚則咳血、不可不知、

辨別之法、先看皮色筋味、如皮皺粗、色黃而厚、肉多白膜、味反甜帶辛者、乃乳柑皮也、只堪點茶、皮極厚而泡鬆、紋極粗而色黃、肉多膜無筋、味甜多辛少、乃柚子皮也、紋細色紅、潤而皮薄、多有筋脈、味苦辛入口芳香者、乃真化橘紅也、

橘核治小腸氣　橘核入肝、與青皮同功、治腰痛癩疝、在下之病、不獨取象於核也、治諸疝痛及內卵潰腫、偏墜、或硬如石、或腫或潰、服橘核丸、用之有効、

橘絡通絡消痰、　橘絡乃橘瓤上絲絡、間價值昂時、射利之徒、用白萊菔細切如絲、晒乾、以橘皮煎濃汁浸潤、再晒、偽充橘絡、幾無以辨、斲喪天良、莫此為甚、

[種別]上種甚多、如出廣東者、名廣橘絡、色白條細、

絡少出、浙江衢州出者、名衢橘絡、色白絡細長、皆佳、出四川者、色白黃絡粗、略次、出台州者、名台橘絡、絡細少帶蒂、爲最次、

[功能]能宣通經絡滯氣、屢治衝氣逆于肺之絡脉甚效、驅皮裏膜外積痰、活血、每用五分至一錢、煎湯飲之、

橘葉治乳癰、橘葉 呈長卵形、兩頭尖、色綠有光、大寸許、長二寸餘、又有一種臭橘葉者、乃枸橘樹之葉也、

[功能]導胸膈逆氣、行肝氣、消腫散毒、治乳癰脅痛、繆希雍云、橘葉能散肝胃滯氣、婦人妬乳內外吹乳岩乳癰用之皆效、以諸症皆二經所主之病也、每用三錢、煎湯飲之、

橘餅治泄瀉 以大福橘入密糖釀製而乾之、圓徑四五寸、閩產第一、出浙衢者大不及三寸、且皮色黯黑、肉薄味亦辛烈、

[功能]以其連皮造成、故甘辛而溫、和中開膈、溫肺散寒、治嗽化痰、醒酒消食、

[效方]暑月喫瓜果太多、以致泄瀉不休、用好橘餅細切薄片、分作兩次、放茶鐘內冲服、其味甘美猶今之橘子露也、

三　枇杷葉治虛勞咳嗽

[形狀]葉似琵琶、故名、老樹幹高二丈餘、周圍逵二尺許、樹皮現紫黑色、狀似鱗甲、剝離之則爲板片、葉爲長橢圓形、長約五六寸、末端尖銳、邊緣有鋸齒、質粗厚、有皺襞、背面密生淡褐色軟毛、果實爲漿果、作球圓形、大八九分、夏月成熟、帶黃色、光而有軟毛、中藏子二三個、味甘酸佳美、供食用、

枇杷肉、甘酸止渴、下氣利肺氣、止吐逆、除上焦熱、潤五臟、多食發痰熱而傷脾、俗謂桃飽杏傷人者、卽指此而言、

枇杷葉、功能瀉肺下氣、治熱渴、止嘔逆、用作火嗽之止咳劑、

[宜忌]凡用枇杷葉須火炙、以布拭淨毛、不爾反射人肺令嗽不已、或以刷拭之、尤易潔淨、凡採得濕葉

每重一兩、或乾者三葉重一兩、乃是氣足堪用、治胃病以薑汁塗炙、治肺病以蜜水塗炙、凡胃寒作嘔、及風寒咳嗽不宜用、

[効方]1.氣喘　購白沙枇杷、去皮核、冰糖約枇杷三分之一、同盛陶器內、密封置屋上、立秋後隨意食之、神効、

2.温病發噦　噦卽噁心、枇杷葉去毛炙香、茅根肉各等分煎飲、

3.辟疫方　枇杷葉、拭去毛、淨鍋內炒香、錫瓶收貯、泡湯常飲、取其芳香不燥、不爲穢濁所侵、能免夏秋一切時病、

4.杜絕癆病方　專治骨蒸勞熱、羸瘦神疲、腰脊痠痛、四肢痿軟、遺精吐血、咳逆嗽痰、一切陰虛火動之症、輕者二三料全愈、重者四五料除根、若先天不足之人、不論男女、未病先服、漸可強壯、常服更妙、以其性味中和、久服亦無偏勝之弊、屢收奇効、勿以平淡而忽之、

枇杷葉五十六片(刷去毛鮮者尤良、咳甚者加多、)

紅蓮子四兩、不去心皮、梨兩枚、大而味甘者良、去心皮、切片、大棗八兩、煮熟後去皮、煉白蜜一兩、(便燥加多、溏瀉勿用、)

先將枇杷葉放沙鍋內、甜水煎極透、去渣、以絹濾取清汁、後將黑棗同拌入鍋、鋪平、以枇杷葉掩之、蓋好、煮半炷香、翻轉再煮半炷香、收瓷罐內、每日隨意温熱、連汁食之、冬日可多製、夏日逐日煮小料爲妥、若咳嗽多痰者、加眞川貝一兩、研極細、起鍋時加入、滾一二沸、卽收膏、吐血加藕節搗汁同煮、

四　柿餅醫痔柿蒂止呃

[形狀]柿子、樹高二三丈、其實爲漿果、八九月成熟、徑約二寸餘、色黃赤、然其形狀扁圓橢圓不一、初色青、置器中自然紅熟、如烘成者、則澀味去而味甘、如蜜、亦稱烘柿、

[功能]潤肺濇腸、生津寧嗽、用作祛痰鎭咳藥、又爲收濇之劑、

[宜忌]鮮柿甘寒、養肺胃之陰、宜于火燥津枯之體、

以大而無核、熟透不澀者良、或採青柿、以石灰水浸過、則澀味全去、削皮噉之、甘甜似梨、名曰綠柿、凡中氣虛痰寒濕內盛、外感風寒、胸腹痞悶、產後病後、瀉痢瘧疝、痘痧後皆忌之、更不可與蟹同食、食則令人腹痛作瀉、體虛寒者甚則致死、不可不慎、

[劾方]急救吞生鴉片烟方、 每年在五六七月、柿未成熟之時、採青柿略敲碎、和水浸小缸中、貯用、如遇服鴉片烟者、可使服之、毒卽解、蓋鴉片一遇柿澀水、卽化黃水矣、若未預製、可問傘店內、索取柿漆代之、

柿餅治痔有奇效、白柿一名乾柿、亦稱柿餅或柿花、乃用大柿去皮捻扁、日晒夜露、待乾置甕中、俟生霜後取出、否則生黑而味極甘甜、

[功能]乾柿甘平、健脾補胃、潤肺澀腸、止血充飢殺疳療痔、治反胃、已腸風、以北產無核者勝、惟太柔膄不堪久藏、柿餅、柿花、功用相仿、體堅耐久、亦可充糧、

[驗方]1. 痔漏腸風、漏血不止、與菜油入鍋同烙、食之久自有效、

2. 治反胃吐食、用乾柿三枚、連蒂搗爛、酒服甚效、勿以他藥雜之、或用柿餅飯上蒸熟、代飯連食八天、不飲滴水、極重者亦愈、屢試屢驗、

3. 痰嗽吐血、用青州大柿餅、飯上蒸熟、批開、每用一枚、摻入眞青黛一錢、臥時食之、薄荷並湯送下、有奇效、

4. 眼漏、凡眼下生瘺出膿、流水不止、日久成漏、諸藥不應、以柿餅去皮、取肉搗爛塗之、十日全愈、

柿霜治咯血並咽喉口舌瘡痛、柿霜乃柿乾所生之霜、色白性潤、味亦甘甜、肺火甚者有效、

柿蒂止呃逆 柿蒂小者如錢、有柿錢之稱、結實後其蒂不落、漸次萎硬、然尚牢着於柄、不能脫落、色褐四出、

[功能]下氣止呃、主治欬逆噦氣、煮汁服之、康按呃逆亦稱呃忒、其症喉頭痙攣、呃忒連連、呼吸作暫時障害、食管氣噎、乃橫膈膜及胃神經痙攣所致、可用柿蒂二三錢、洗淨煎濃湯、乘熱頻頻呷嚥、[illegible]平胃止呃之劾、

柿蒂味苦氣平、雖與丁香同爲止呃之劑、然一辛熱而一苦平、合用深得寒熱既濟之妙、如係有寒無熱、則丁香在所必需、從治必當佐以柿蒂、有熱無寒、止需獨用柿蒂可矣、

五　梨肉潤肺止咳

[產地及形狀]梨產直隸之河間、山東之萊陽者最佳、爲山果類落葉喬木、高二三丈、惟爲採果之便、常彎曲其枝、或剪除之、秋結漿果、表面有小斑點、中有子十餘粒、呈黑色、

[種別]乳梨即雪梨、出宣城、皮厚而肉實、其味極長、鵝梨即綿梨、皮薄而漿多、味差短、香則過之、不論形色、總以心小肉細、嚼之無渣、而味鮮甘者爲佳、

[功能]味甘微酸、瀉熱養陰、生津解渴、止咳、

[驗方]1.治咳嗽神驗法、用生梨一只、挖去子心、實以川貝、嵌入冰糖、置飯鍋上燉數日、服之、或以梨一只、外用桑葉包之、置灶內稻柴火煨之、臨睡燉服、亦效、虛癆之咳頗效、

2.治痰氣壅寒、塞梨汁一杯、和生姜汁四分之一、白蜜半杯、薄荷細末一錢、四物和勻、隔湯煮一時、任意與食、降痰平氣有効、按此方甘寒辛潤、洩肺化痰、邪襲于肺者最宜、

康按梨爲肺果、燥氣傷肺、最宜以梨汁救之、即使津液未傷、亦宜加梨皮於藥中、或用梨肉、大抵無汗宜皮、有汗宜肉、液枯宜汁、溫熱虛病及陰虛火熾、津液燔涸者、投之飲之輒効、此果中之甘露子、藥中之聖醍醐也、

食譜云、梨甘涼、潤肺清胃、涼心滌熱、息風化痰、已嗽養陰、濡燥散結、通腸消癰疽、止煩渴、解諸毒、絞汁服名天生甘露飲、切片貼湯火傷、止痛不爛、中虛寒瀉乳婦忌之、新產及病後、須蒸熟食之、與萊菔相間收藏、則不爛、可搗汁熬膏、秋燥乾咳宜之、本草求眞云、梨生於秋、味甘微酸、氣寒無毒、功耑入肺與胃、凡胸中熱結、咳嗽痰喘、便秘狂煩、咽乾喉痛、中風、胃不食、一切屬於熱者、惟食梨數枚、即能轉重爲輕、然必元氣素實、大便宿堅、方可與之、蓋梨是冷利之物也、

六　梅花稀痘梅肉生津烏梅平胬

[形性]梅爲落葉喬木之一、樹幹高達二三丈、梅子作球圓形、小如彈子、大如杏、實表皮作絨毛樣之光澤、於夏日霉雨時節結實、在未熟期內、色爲翠綠、成熟、皮色呈杏黃、稍間紅色、肉質鬆脆、多液無滓、含之香口、嚼之頗酸、能生津液、青者鹽醃曝乾爲白梅、並可蜜餞以充果飣、熟者搗之爲梅醬、夏月可調渴水飲之、乃酸梅湯也、肉酸、多食損齒傷筋、婦人尤忌多食、天癸滯而難孕、

梅花開於冬而實熟於夏、得木之全氣、其味最酸、肝爲乙木、胆爲甲木、人舌下有四竅、兩竅通胆、故食梅則津生也、

綠萼梅枝萼皆綠、花葉重疊、結實亦雙、入藥功能開胃散鬱、生津止渴、解暑除煩、安神定魄、滌痰熱、淸頭目、利氣平肝、

[效方]稀痘法、用綠萼梅七朶、春分日摘花半開者、只用花瓣、搗爛、白糖三匙、滾水服之、毒則全消、可免出痘、或用生青果核七個、打碎去仁、晒乾研極細末、不宜火焙、又不宜沾生水、再用梅花二十一朶、去蒂、共白蜜兩茶匙、搗濃、俗交春分時、與小兒服、可永免出痘、卽出亦稀、保赤之妙方也、

烏梅、係用未熟梅實、剝去核、入籠於藁火煤烟中薰乾者、色變烏、若以稻灰淋汁潤溼蒸過、則肥澤不蠹、

[功能]斂肺澀腸、殺蟲止痢、蝕惡肉、

[效方]1.一切惡瘡怪毒、或生於橫肉筋竄之間、因擠膿用力太過、以致胬肉突出、如梅如栗、翻花紅赤、久不縮入、昧者不明、但以降藥腐爛、非特疼痛難熬、且腐去其小者、復又突出大者、屢蝕屢突、經年累月、終不痊愈、用下方立見奇效、

烏梅肉三錢、炒炭、另向藥店購大熟地一兩、切片烘乾、炒枯、共研、勻、礙極細、摻膏藥上、貼之、不過三五日、其胬肉卽收進、再用收功藥、卽愈、取其酸斂之力也、

2.牙關不開、痰厥僵仆、取梅肉擦牙齦、涎出卽開、

3.治梅核膈氣、取半青半黃梅子、每個用鹽一兩、醃

家庭食物療病法

一日夜、晒乾、又浸又晒、晒至水盡乃止、用青錢二個、夾兩梅、麻線縛定同裝磁罐內封埋地下百日取出、每用一枚含之嚥汁入喉卽消、收一年者治一人、二年者治二人其妙絕倫、

七　桃仁潤大腸通大便

〔形狀〕爲果類之一、樹高丈餘、葉披針形、花有單瓣重瓣、實爲核果、外面生毛、夏月成熟、熟則蒂帶紅色、是卽桃子、近龍華各處所產水蜜桃、富有水液、食之適口生津、水果中之珍品也、

生桃多食令人膨脹、及生癰癤、有損無益、

桃仁、桃核殼中有仁、爲白色扁平尖卵圓形、被有褐衣、且有縱縐、毛桃小而多毛、核黏味惡、其仁充滿多脂、可入藥用、蓋外不足而內有餘也、勿以賤而藐視之、

〔功能〕破血行瘀、潤燥通便、治少腹痛滿、兼治腸癰、行血宜連皮尖生用、潤燥活血、宜湯浸去皮尖、通潤大便而破血、

桃花、峻利過於桃仁、治大便艱難、產後閉塞、用之通利甚效、桃葉能殺虫、作醬時加一莖、不致生虫、俗謂能辟邪、殆卽指此、

八　金柑治肝胃氣

〔形狀〕金柑又名金橘、出江西、浙江、四川、廣東等省、爲果類、常綠灌木、高六七尺、冬月果實成熟、作球形、帶黃色、大如指頭、瓤多酸味、皮却甘美芳香、生食蜜餞、皆良、亦可供藥用、

〔功能〕性酸甘溫、下氣快膈、止渴解醒、辟臭、皮尤佳美、治肝胃氣、金橘餅乃和糖製成、其餅以產自福建蒲田縣者良、消食下氣、開膈醒酒、捷于砂仁豆蔻、食之作噯頗良、

九　荔枝核治小腸氣

〔產地及形狀〕產廣東、以番禺、增城、東莞爲多、新安、惠州汕尾亦有、乃高一丈五尺餘之常綠樹、花後結實、作茶褐色、形近球圓、狀酷似龍眼、外被有鱗狀皺

發之殼皮、破之內部空虛、正中有核、稍附果肉、氣味俱如龍眼、五六月間成熟時採之、

[功能]養血止煩渴、消腫發痘瘡、尤以治小腸疝氣爲最效、

[宜忌]荔枝南方果也、本經雖云平而氣實溫也、鮮時味極甘美多津液、故能止渴、甘溫益血、益人顏色也、多食令人發熱、或衄血齒痛者、以其生於炎方、熟于夏月、故性善助火發熱也、

食譜云、荔枝甘溫而香、適神益智、塡精充液、辟臭止疼、滋心營、養肝血、果中美品、鮮者尤佳、以核小肉厚而純甜者爲佳、凡上焦有火者忌之、

荔枝核、橢圓而紫褐色、味甘、功能散寒溼結氣、消疝瘕腫痛、專作疝痛藥、可以一枚煆存性研末、新酒調服、

[驗方]疝氣卽偏墜、俗名小腸氣、取鮮鮮荔枝核、橘核、小茴香各一兩、共研拌勻、病發時每日用此藥末三四錢、加赤砂糖小半羹、再加原高粱五六小匙、調而食之、上藥分七八天、如法服完、病卽全愈、永不復發、

本草云、核味甘溫、主心痛小腸气痛、癩疝、婦人血氣刺痛、蓋氣溫而通、行入肝腎、散滯氣、辟寒邪也、又云專入肝腎、散滯辟寒、雙核形似睾丸、以癩疝卵腫、以其形類相似、有感而通之義、

荔枝殼能發痧痘、其性理血透發、凡一切疹瘄、不能透達、或痘出無漿模糊一片者、心不爽快、速以荔枝殼煎湯飲、非此不能解表成漿、

十　蘋果治小兒泄瀉

[形狀]爲果類之落葉喬木、樹身聳直、而葉色青、果實如梨而圓滑、生青熟紅、或半紅半白、光潔可愛、香聞數步、其味甘鬆、未熟者食之軟如棉絮、過熟則沙爛不堪、

[效方]1. 治小兒泄瀉、確有效驗、蓋蘋果酸充塞腸內、絕無刺戟、鎮靜腸蠕動、在腸內非但生一種器械的洗滌、同時亦爲良好吸收、尚有內含單尼酸收斂性、在腸表面生成一種護膜、保護內部、使不受化學

家庭食物療病法

細菌及器械刺戟洵妙品也、
2. 蘋果內含有充分燐質故極與多用腦力之人相宜可于朝餐時食蒸煮之蘋果且甚有益于便祕之人病人尤宜食此、

十一　藕能止血亦可治噤口痢

[形狀]藕乃蓮之根、色白裏有孔、大者如臂、長三四尺凡兩三節、斷之則有柔靭之絲、野生及花紅者、蓮多藕少、種植及白花者蓮少藕佳、

[成分及效用]內含極多單尼酸及澱粉糖、纖維等、爲含有營養分之清涼解熱劑、治熱病煩渴、有涼血化瘀生津退熱收斂止血之功、降低血壓、故對于熱高之大出血症、尤具特效、

生用涼血散瘀、熟用補心益胃、清涼解熱、

[效方]噤口痢用藕汁煮熟、略和砂糖甚效、下痢而至不能食此胃氣已竭之徵、然大劑補藥、又非所宜、故以甘平養胃之品、如藕汁者緩和調補、耤其胃氣一復、然後可以收斂之劑、止其痢也、或用鮮藕半斤、鮮萊菔半斤、同煮爛、和以冰糖、連肉連湯、作茶點服之、其效尤捷、

康按藕秉土氣以生、生者甘寒、能涼血止血、除熱淸胃、故主消散瘀血、吐血、口鼻出血、產後血悶、止熱渴解酒除煩、熟者甘溫、能健脾開胃、益血補心、故主補五臟、實下焦、消食止洩、生肌、久服令人心懽少怒、本生于污泥之中、而體至潔白、味甚甘脆、孔竅玲瓏、絲綸內隱、療血止渴、補益心脾、通竅理氣、四時可食、眞水果中之佳品也、病中其他果品、均在嚴禁之列、惟此則否、

藕以肥白純甘者良、生食宜鮮嫩、煮食宜壯老、用砂鍋桑柴緩火煨極爛、入煉白蜜收乾食之、最補心脾、若陰虛肝旺、內熱血少、及諸失血症、但日熬濃藕湯食之、久久自愈、不服他藥可矣、

藕粉係將老藕搗爛、浸澄而取之粉、但取自製者佳、市物恐混雜不眞也、爲產後病後衰老虛勞妙品、杭州產者尤名聞遐邇、

[功能]調中開胃、補髓益血、通氣淸神、煮熟常食、安

神生智慧、解暑生津、消食止渴、
藕節尤澀、功能止血化瘀、解熱毒、搗汁服治吐血不
止、及口鼻出血、無論咳血、唾血、溺血、下血、血痢、血崩、
有利無弊、無往不宜、
荷葉、蓮為多年生草本、春生新葉、初小謂荷錢、稍大浮
水上、始為卷葉、後舒張作圓形楯狀、高挺水上、表面
滑澤、
[功能]升淸散瘀消暑化熱、用為止血解熱藥、用荷
葉燒飯、開胃健脾、資助生發之氣、荷蒂固下焦、治瀉
痢後重、脫肛不收、
[効方]荷葉癬　用荷葉蒂晒乾研末、香油調敷、數
次即愈、敷數次後、四圍均發患症奇癢無比、後癬處
已乾燥、不癢不痛、脫去厚皮一層、癬亦全愈、

十二　山楂消食化瘀血

[形狀]山楂產山東、靑州、東安、安邱等處、十月出新、
乃落葉灌木、高五六尺、枝椏繁茂、實作球圓形、亦似
林檎、徑約六七分、頂端略扁平而有柱頭、外面暗紅
色、味酸、核堅硬色黑、取熟者去皮核搗、和糖蜜可作
楂糕、宴會之時、常備此一物、以消油膩、
[功能]破氣散瘀、消肉積化痰、用於消化不良及產
後兒枕痛、及有收斂性能止血、
[宜忌]入藥以義烏所產為勝、多食耗氣損齒、若脾
虛惡食、胃弱無積、空腹及羸瘦人或虛病後均忌食、
[效方]1.治偏墜疝氣、山查肉茴香炒各一兩、為末
糊丸梧子大、每服百丸日二服、或用一錢至四錢、煎
湯服、
2.產後兒枕痛、乃子宮無力收縮、而瘀血中阻、用乾
山查肉五錢、赤砂糖一撮、水酒各半煎、此方能助子
宮收縮、且能通瘀止痛、
按山查味酸氣冷、然觀其能消食積、行瘀血、則非氣
冷矣、脾胃有積滯而成下痢、產後惡露不盡而為兒
枕痛、山查能入脾胃、消積滯、散宿血、故治水痢及產
婦腹中塊痛也、小兒婦人均宜多食，李士材云、山查
酸溫、消油膩肉食之積、化血瘀癖瘀之痾、袪小兒乳
食停留、療女人兒枕作痛、理偏墜疝氣、張仲景于傷

家庭食物療病法

寒絕不一用、蓋以其性緩也、以此小兒婦人食之爲宜、煮老鷄硬肉、入山査數枚易爛、則其消積之功可見矣、

十三　櫻桃核透痧疹

[形類]櫻桃爲果類之落葉喬木、幹高者七八尺、結小實如球、熟則紅、經雨則蟲自內生、用水浸之、良久始出、食之令人好顏色、

其實熟時深紅色、謂之朱櫻、紫色皮裏有細黃點者、謂之紫櫻、味最珍貴、又有黃明者、謂之蠟櫻、小而紅者謂之櫻珠、

[宜忌]櫻珠性熱、小兒不可多食、某富家有二子、好食紫櫻、日啖不止、半月後、長者發肺痿、幼者發肺癰、相繼而斃、爲長者不可不知、今人常禁小兒食櫻桃、良有以也、

[功効]得春氣早而性熱、善透達、今人常用以洗疹瘄、服之發透瘄痘、宜隨時留備、以作不時之需、

[效方]春日採鮮櫻桃、貯磁瓶內、密封埋土中、二三個月後俱化爲水、濾渣聽用、若遇痧疹發不出、氣喘欲絕、用櫻桃汁一杯、燉温灌服、大有起死回生之妙、亦能治凍瘃、

十四　桑椹醫大腸虛祕

[形狀]乃桑樹所結果實、初結色青黃、成熟色紫黑、形橢圓、表面凹凸不平、內含圓形小仁、汁頗多、味初酸、繼轉甜、中含機酸、糖分、黏液質、鹽類、色素等、

[功能]補腎明目、養血祛風、有輕瀉作用、可治腸液枯閉、習慣性便祕、如大病及老年虛弱、產後血虧、吸烟成癖之便祕、不宜用峻瀉之藥、可用桑椹、俗稱桑子、絞汁每服五錢、或桑椹膏每服二三錢、開水化服、連服數日、大便卽暢適通潤、

[作用]在胃中能補胃液之缺乏、以助消化不足、入腸能激腸之黏膜、使腸分泌增多、及蠕動、

康按、桑椹甘平、滋肝腎、充血液、止消渴、利關節、解酒毒、祛風溼、聰耳明目、安魂鎮魄、可生啖、可飲汁、或熬以成膏、或曝乾爲末、設逢歉歲、可充糧食、久久服之、

鬚髮不白、以小滿前熟透色黑而味純甘者良、熟桑椹以布濾取汁、瓷器熬膏收之、每日白湯或醇酒調服一匙、老年服之、長精神、健步履、息虛風、清虛火、並治小腹脹滿、瘰癧結核、

十五　陳香櫞治肝胃氣

[形狀]香櫞爲枸櫞之果實、乃長綠亞喬木、枝間有長刺、葉似橘、結實橢圓形、兩端稍尖、長約四五寸、果皮似橙柚而厚、皺而光澤、色如瓜、生青熟黃、味不佳而氣清香、藏笥中數日不散、

[功能]治肝胃氣、以陳久者佳、以一個切開蓋、去瓤、連蓋秤準、現重若干、配陽春砂仁亦若干、裝入香櫞內、原蓋蓋好、并泥圍緊、放陰陽瓦上、火煆見青煙、將盡爲度、取起放地下、以碗覆蓋、免致化成白灰、俟冷透去泥、研爲細末、每服二三錢、開水冲服、極重者亦可除根、體虛者服半料、愈後接服二賢散除根、

十六　蔗漿透痧痘愈喉痛

[形類]閩廣江浙均有出產、爲多年生草本、莖直立、高丈餘、徑寸餘、外形似竹、惟中不空、蔗有四色、一曰杜蔗、即竹蔗、嫩綠皮薄、味極醇厚、專用作霜、二曰西蔗、作霜而色淺、三曰荻蔗、亦名蠟蔗、可作沙糖、四曰紅蔗、亦名紫蔗、止可生啖、不堪作糖、

紫蔗來自塘棲、其性涼、可用、青皮蔗來自廣東、熱不堪用、

[功能]甘涼清熱、潤燥止渴、除心胸煩熱、止嘔噦反胃、解酒毒、寬胸膈、利咽喉、通大便、蔗漿名天生復脉湯、其效可見矣、

[效方]1. 透痧方、蔗漿一杯、另煎西河柳一杯、與蔗漿對冲、　按痧疹不透、乃肺溫不能外達、陽和布令、草木繁茂、蔗漿甘寒、西河柳性鹹、一以潤肺燥、一以透肺邪、一二服後即見起發、永無內陷之患、凡痧疹發不出、喘咳煩悶躁亂、用此透發、不半日立見紅治矣、2. 凡痘瘡不起、及悶痘不發、毒盛脹滿者、宜用青皮蔗榨汁、與食不時頻進、則痘立起、亦取其生發長盛之意也、

家庭食物療病法

3.蔗漿榨時略加薄荷、性涼、消渴解酒、治喉痛甚效、

4.反胃吐食、朝食暮吐、或暮食朝吐、用甘蔗汁和生薑汁少許服之、又噎膈乃胃陰枯耗、可取小鍋煮飯、飯初以小青皮蔗切片舖于米上、飯成去蔗食飯、

◎十七　白糖潤肺赤糖活血

[形類]糖係用甘蔗汁煎曝而成、閩廣台灣等地產之、白沙糖俗呼糖霜、其優劣可分三級、最上者名玉盆、或曰太白、冰糖、無色而透明者、爲水晶冰、稍帶色者名白文冰、味甜而醇、赤沙糖乃粗製者、呈赤褐色、雜有汚物、最粗惡者、呈紫黑色塊狀、名黑沙糖、

[功效]白者潤肺止咳、赤者調營活血、專治經來腹痛、產後惡露停滯、少腹作痛、可與生薑査炭等同服、

[宜忌]久食白糖、有熱壅上膈之虞、書言其能清熱化痰、似非正論、多食反見戀膈生疾、損齒生蟲、痞滿嘔吐、凡溼盛中滿之人、及小兒尤不宜多食、

康按赤沙糖行血化瘀、是以產婦血暈、多有用此、與酒冲服、取其得以入血消瘀也、小兒丸散、用此調服、取其溫以通滯也、故虛熱用此、過服則有損齒消肌之病、味甘主緩主壅、故有戀膈脹滿之弊、

十八　五加皮袪風溼

[形類]香茄皮產河南、川茄皮產四川、西茄皮產北江連州、土加皮產廣東、爲山野自生落葉灌木、高達六七尺、根皮須冬日採掘、外面黃黑、內色白、除製酒外、亦可用以代茶、

[功効]治男婦脚氣、骨節皮膚腫溼疼痛、服此進食、健力不忘、用五加皮四兩、酒浸晒乾爲末、以酒浸爲糊丸、梧子大、每服四五十丸、空心溫酒下、

2.五加皮酒、治一切風溼痿痺、能壯筋骨、用五加皮洗刮去骨、煎汁和麴米釀酒飲之、或切碎袋盛、浸酒煮飲、

按五加皮辛溫入肝腎、腎得其養、則妄水去而骨壯、故能主陰萎脊痛、腰痠脚軟諸症、肝得其養、則邪風去而筋強、故能理血瘀拘攣疝氣痛痺等疾、仙經贊其返老還童、雖譽溢太過、但五加皮造酒、久服之確

能添精益血、搜風化痰、強筋壯骨、

十九　花紅能治痢疾

[形狀]花紅又名林檎、生山野中、爲果類之落葉喬木、高丈餘、枝柔弱展布甚廣、內含軟骨質或紙質之心皮、夏末成熟、形圓略扁、大約寸許、向陽處色紅、可供食、其味酸甘、能治水穀痢洩精、

二十　石榴皮殺寸白蟲

[形類]榴者瘤也、其實垂垂如贅瘤也、各處均有、尤以廣東星子蓮州爲最、入藥常用其皮、爲不正扁平碎片、外面色黃褐或紅褐、有小瘤突起、內面色暗黃或黃褐、具榴子凹痕、

石榴有酸淡兩種、秋後經霜則自拆裂、一種水晶石榴、子白瑩澈如水晶、味甘、榴五月開花、有紅黃白三色、單葉者結實、千葉者不結實、或結而無子、

[成分]石榴皮中含丞酸二八%、護膜二四%、越幾斯二%、

[作用]在胃中能制止醱酵、入腸能收斂腸黏膜、使腸分泌減少、絛蟲遇之即被殺死、而向大便排出、

[功能]殺蟲、收斂、濇腸、止痢、治泄瀉、

[宜忌]榴受少陽之氣、而榮于四月、盛于五月、實于盛夏、熟于深秋、丹花赤實、其味甘酸、其氣溫濇、故多食損肺壞齒、味酸能治崩帶、赤白瀉痢、

[效方]1.人胃腸中寄生蟲頗多、如蚘蟲、蟯蟲、絛蟲、鉤蟲等、石榴皮爲驅蟲良藥、可用此物二錢至四錢煎服、或研末爲丸吞服、亦可寸白蟲可外用、罨洗肛門、殺蟲之力甚宏、

2.酸石榴能治肚瀉、肚瀉、俗呼水瀉、而腹不痛、且無後重下迫困苦、可用酸石榴果皮、(須祗取其味極酸者、愈陳愈佳)三錢、煎湯服之、或炙焦研末、用八分至錢半、開水冲服有效、

二一　橙皮開胃進食

[形狀]橙樹、江浙閩廣諸省均有、爲適于暖地之常綠樹、嫩者有刺、老樹則無、果爲球形、上下稍扁平、表

面滑澤、熟則呈黃赤色入藥係將成熟橙實、外皮縱斷剝下、使之乾燥、外呈黃褐色有縐紋凹陷小點、生有油胞、內部為肉瓤、氣味芳香而苦含有揮發油及苦味越幾斯、西藥常製成丁幾用作健胃劑、

[功能]用作健胃藥、及治胃弛緩症急性胃腸炎等、

[作用]能刺戟胃粘膜、使分泌進多運動加速、而一部分之海司普雷定由微血管而達中樞神經、使大腦被激而興奮、全身血液流動、因是增速、

康按、橙皮能消食下氣、和中開胃、化痰醒酒、寬膈健脾、

二二一　荸薺化痰消銅

[形狀]荸薺一名烏芋、以其根如芋而色烏也、小者名烏芋、大者名地栗、多生水田沃地間、乃多年生草、春生葉似燈心而粗、軟而中空、根類似慈姑、大六七分、外部有紅有黑、內部皆白、

[類別]皮厚色黑、肉硬而白者、謂之猪荸薺、皮光澤色淡紅、肉軟而嫩、謂之羊荸薺、爽輭可口、

[功能]化痰消積、清熱解毒、發痘、又能毀銅、破積攻堅、

[效方]1.雪羹湯、凡肝經熱厥、少腹攻衝作痛、用海蜇一兩、大地栗四個、水兩碗煎服、 按海蜇宣氣化瘀、消痰行食、而不傷正氣、故哮喘、胸悶、腹痛、癥瘕脹滿、便秘、滯下等病、皆可用之、

2.痧齊湯、痧疹初起、用荸薺尖、綿紗頭、同煎飲之、

3.誤吞銅錢、以荸薺合胡桃食一二斤、即消、一則消堅、一則潤腸、方簡而效大、洵妙劑也、

4.目中翳星、視物不明、用老而多渣之荸薺、去淨皮搗爛絞汁、其滓和水再研絞、去渣、取汁澄定為粉、清水漂二三次、去甜味、合成眼藥、功在蘆甘石之上、單用此粉、專治目赤、翳星、胬肉、點入眼內極效、毫不疼痛、兼治下疳、並可搽酒齇鼻、

.5心窩成漏、名稱心漏、先胸膺一片如椀大、無皮、潰腐、浸淫成漏、常流膿血黃水、經久不愈、用地栗粉一味、看瘡大小、日日摻之自效、

一二三　無花菓醫痔瘡

[形狀]無花菓古時誤爲無花而結實、故名、兩廣最多、種類亦不少、栽植者高丈餘、花後花托漸次膨脹、變爲倒卵圓形肉果、氣候冷時則外生白霜、有特殊氣息及良好甘味、長二寸、闊三寸、生時綠色、熟變紫褐、內部紅紫、其成分含有葡萄糖、膠汁、脂肪等、

[功能]淸熱潤腸、緩和滋養、能治痔核、消化不良、

無花菓治痔之奇效、俗諺十人九痔、蓋文人女子、或因職業而多坐少運動、大便不按時排除、則肛旁靜脈漸漸鬱血、久而成痔、甚則發炎腫痛、潰爛流血、坐臥不安、可用無花果煎湯薰洗、有排膿止痛之效、如無鮮果、可以乾果煎湯薰洗、再研粉、麻油調敷、或以凡士林調貼潰瘍處、有淸涼排毒、消炎退腫、止痛止血之效、

一二四　葡萄補血液

[形狀]莖有卷鬚、卷登他物、粗者周圍有數寸、至秋結實爲漿果、肉多味美、一朵恆在六七十粒之上、一顆之大約六七分、呈橢圓形、外皮綠色、生紫暈、由美國來之洋葡萄色紫、

[種別]長者名馬乳葡萄、白者名水晶葡萄、黑者名紫葡萄、西邊有大如胡椒而無核者名瑣瑣葡萄、近多將葡萄製乾、功能補血開胃、本草亦言其能益氣倍力、強志令人肥健、久服輕身延年、

[效力]利筋骨、治痿痺、用作滋養益血之品、

1.葡萄酒殷紅可愛、能補血生津、暖腰腎、駐顏色、祛寒濕、有熱疾齒痛者不可飲之、

2.北人以之強腎、用瑣瑣葡萄人參各一錢、酒浸一宿、淸晨塗手心、磨擦腰背、能助筋強力、臥時磨擦腰脊、助陽事堅強、服之尤可得力、

3.南人以之稀痘、用瑣瑣葡萄一歲一錢、神黃豆一歲一粒、杵爲細末、蜜水調服、

一二五　楊梅止泄瀉

[形狀]爲常綠樹、產暖地、寒涼處鮮有之、樹高二丈

餘、入夏則結核果、球圓形、色帶白或紅紫、紅勝於白、紫尤勝於紅、大三四分許、外有無數之乳頭突起、

〔功效〕用爲收歛藥、能止泄瀉、燒酒浸之、備爲不時之用、

〔宜忌〕楊梅甘酸而溫、宜蘸鹽少許食之、解酒止渴、活血消痰滌腸胃、除煩滿惡氣、鹽藏蜜漬、酒浸糖收、爲脯爲乾、消食止痢、大而味甜者勝、多食動血、酸者尤甚、諸病熱者忌之、

二六　橄欖愈喉症治痴癲

〔產地〕橄欖一名青果、凡閩廣等省及熱帶地方之山野平原間、悉有產焉、其出於西藏者尤珍貴、

〔形狀〕樹高丈餘、實爲堅硬肉果、色青綠、熟則帶黃、以帶白色者爲上品、內有六角紡錘狀之核、頗堅硬、破之有仁、以小而脆者良、

〔功能〕生津止渴、清咽解酒毒、化骨哽、化痰滌濁、

〔成分及效方〕橄欖內含有單尼酸、爲緩和而含滋養性清涼藥、治喉痛有特效、因其有收歛性、消炎作用、及制止喉頭粘膜之分泌、以化痰涎、且有解毒之功、治喉頭發炎、扁桃腺炎等、咽喉紅腫、嚥下作痛、或痰涎粘膜分泌物增多、吞嚥困難、可用鮮橄欖十個、剖去核、切碎略搗、以沸水泡冲、或濃煎去渣、待稍冷頻飲、或呷嚥、有退腫止痛、化痰之效、

2. 或用鮮青菓、鮮萊菔二味、同煎服、或搗汁飲、所謂青龍白虎湯也、專治時行風火喉痛、喉間紅腫、非常有效、喉症盛行時、用爲預防、尤爲可靠、

3. 治痴癲驗方、凡患痴巔或羊癇風、乃心被痰迷所致、取橄欖十斤、敲碎入沙鍋、煑數滾、去核、入石臼搗爛、仍入原湯、煎濃出汁、易水再煎、煎至無味、去渣、以汁共歸入鍋、煎濃成膏、用白明礬八錢、研粉入膏攪和、每日早晚各取膏三錢、開水送服、或初起輕者、取橄欖咬損一頭、蘸礬末入口、嚼嚥橄欖之味、更妙美、至愈乃止、痰化定癇、定見奇效、

4. 骨硬卡喉、用橄欖核磨汁、和水含漱患處、其骨立化、

5. 痰厥者、服此方永遠斷根、用橄欖數斤、煑熟去核、

熬膏、加少許明礬同熬、每日早晚用開水冲服一大匙、以不復再發爲度、不可間斷、有人曾患是症、服數月而愈、迄今二十餘年、從未復發、蓋橄欖明礬均屬消痰妙品、無怪其效之神、

6. 耳內流膿、用橄欖核炙末吹之、耳足凍瘡亦效、

7. 稀痘神方、凡小兒未出痘者、將橄欖一個、連核敲破、再加原枝生甘草一寸、二味用水煮服、每日一服、連服數日、以出黑糞爲度、至數日後黑糞出盡、則胎毒自去、此後無論種與自出、必稀少而易於收功矣、如出痘前未服此方、而已出後、或有餘毒未清、往往發爲瘡癤瘰癧之類、甚至日久纏綿不已、亦照前方服之、俟其黑糞出盡、自無諸患矣、此方藥味輕淸、不値數文、有益無損、屢試屢驗、誠保赤良方也、

按橄欖之味先澀後甘、肺胃家果也、能生津液、酒後咀之不渴、故主消酒、甘能解毒、故能療河豚毒也、誤食魚肝及子者、速服橄欖汁解之、

本草云、痘瘡不起、痘抓成瘡、腸風下血、耳足凍瘃、脣裂生瘡、牙齒腐疳、下部疳毒、陰腎癩腫等症、用此皆效、

第二章　茶點

一　茶能興奮精神

〔形狀〕茶爲常綠小灌木、高達五六尺、葉作長楕圓形、長一寸餘、呈深綠色、有光澤、邊緣有細鋸齒、初夏生新葉、至秋季開花結果、

〔種類〕綠茶係採得焙去苦水、便可泡飲、紅茶係蒸焙醱酵而製成、徽之松蘿茶、化食、六合之苦丁茶、止痢、滇南之普洱茶、消食辟瘴、其餘因產地製法、採取等之不同、而異其名稱、

〔成分〕茶葉中含有茶素〇、二至三、四〇%、及揮發油單尼酸等、大概自嫩葉製成者、含茶素多、自老葉製成者、含茶素少、茶之優劣、視茶素多少而別、愈多愈佳、

〔作用〕入胃後所含一部分單尼酸、制止消化、醱素作用、及凝固已消化之蛋白質、餘皆不起變化、惟其

家庭食物療病法

香精稍能激胃分泌增多之功、入腸後始次第將茶精吸入血中由微血管而傳達中樞神經使血液循環加速腦部血量增多精神由是興奮、惟效微時促、能保存長久、

[貯藏]貯茶用磁製或錫製壺爲佳陶器及玻璃不

[功能]止渴清熱、降火消食、醒睡、用作興奮神經藥、又爲利尿藥以治疲勞精神衰弱、

[宜忌]茶之作用因於茶素及鞣酸、少用之可精神活潑、祛勞去睡增進食慾、用之過度、精神反疲勞不眠頭痛而害消化、

[效方]薑茶飲治痢疾、薑能助陽茶能益陰、一寒一熱調正陰陽、不問赤白冷熱、用之皆良、生薑細切與茶葉等分新水濃煎服之、又能消暑解酒食毒、 按日本有人證明茶有偉大殺菌力、以治赤痢、其中所含單尼酸能與細菌中蛋白質結合、而停止細菌之生活云、中外學說相附似可信也、

著者按茶稟天地至清之氣、得春露以娛生意、克呈纖介滓穢不受、味甘氣寒、故能入肺清痰利水、入心、清熱解毒、是以垢膩能滌、炙煿能解、凡一切食積不化、頭目不清、痰涎不消、二便不利、消渴不止、及一切吐血便血衄血血痢火傷目疾等症、服之皆能有效、但熱服則宜、冷服聚痰、多服少睡、久服瘦人、至於空心飲茶、尤爲不宜、常見好茶之輩、終日坊間啜茗、殊礙生理也、

雨前茶乃茶葉之採于穀雨節前者、一名旗鎗、出浙江杭州之龍井、以三年外陳久者入藥、近用柳葉僞製、不可不審、

[功能]甘寒、清咽喉、明目、益心神、通七竅、補氣消宿食、下氣去噦、

[效方]消痰止嗽、膏米白糖一斤、猪油四兩、雨前茶二兩、水四碗、先煎茶葉至二碗、干再將板油去膜切碎、連苦茶米糖同下熬化、聽用、開水冲數匙、日服、秋燥之咳爲宜、

松蘿茶乃茶葉之產于安徽歙縣松蘿者、

[功能]消積滯油膩、清火下氣除痰、

[效方]1. 病後大便不通、用松蘿茶三錢、米白糖一

盅先煎滚、入水碗半、用茶煎至一碗、服之即通神效、取其清利之能、

2.頑瘡不收口、或觸穢不收口、用上好松蘿茶一撮、先用水漱口、將茶葉嚼爛敷瘡上一夜、次日揭下、如此數次即效、

二　花生治脚氣奇效

〔產地〕原產南美熱帶地方、我國閩廣產者、以興化為第一、味甘粒滿、名黃土、出台灣者、味濇粒細、名白土、江浙亦有出產、

〔形狀〕為一年生草本、莖高一二尺、其枝蔓延地上、花托伸長向地伸入地下一二寸處、結成繭狀革質果實、長一寸餘、作灰黃色、外呈紋理、中藏種子一至四粒、仁白色、被有淡紅色薄膜、

〔功能〕悅脾開胃、潤肺化痰、有滋養功效、

〔宜忌〕忌與黃熟瓜同食、食之必死、所謂黃熟瓜者、香瓜也、非醃吃之西瓜也、

〔效方〕1.治脚氣方、取生落花生約二碗、剝去外殼、和水約六碗、煑約三小時、更入冰糖少許、最好餓時代飯、以腫寬為止、

2.治咳嗽、凡人偶受風寒、嗆咳、或傷寒後咳嗽未愈者、用落花生半斤、生剝去衣及頭、臼中搗碎、放瓦罐內、加清水煑三沸後、面有浮油一層、用器撇除、酌加冰糖少許、再煑至汁同人乳形、分一半於臨睡時服下、又一半於翌晨溫熱服下、五六次即愈、此方手續簡單、費錢有限、且味如可口、患者盍試之、

3.耳聾無聞、耐心常服生落花生、熟者無效、服至斤餘可效、

4.繡球風、乃睪丸溼爛作癢也、以花生油棉花蘸搽、每日五六次、惟須用生者、忌用熱水洗滌、

著者按、花生味甘而辛、體潤氣香、性平無毒、香可舒脾、辛可潤肺、誠佳品也、食則清香可愛、施于體燥堅實則可、若體寒溼潤、吞咲不休、乃害脾滑腸也、

三　桂元補血核能止血

〔形狀〕龍眼又名桂元、係熱帶地方之常綠喬木、枝

家庭食物療病法

葉繁茂、高三四丈、果實大四分至六分許、作帶赤色或紫紅色、球圓形、表面有皺紋、乾燥則呈褐色、破之空虛、正中有類似枇杷核之種子、外被暗褐色柔靭肉質、味甘、類似葡萄、大者爲虎眼、中者爲龍眼、小者爲人眼、最小者鬼眼、

〔成分〕水分〇・八四五、乾燥殘渣九九・一四五、灰三・三六、葡萄糖二四・九一、蔗糖〇・二二、垤幾斯托令一・〇五三、纖維素二・一八五、酸類一・二六、含淡物六・三〇九、脂肪二・四九四、

〔功能〕補心脾、療虛羸、用作緩和滋養藥、又治神經衰弱及貧血、

〔作用〕入胃後、與胃酸化合、成消化蛋白與澱粉之酵素一部分、仍不被化合、及至小腸、始漸次由腸壁吸而達血中、能增加血液之熱量與酵素作用、

〔宜忌〕凡中滿氣壅、腸滑泄痢之人忌食、多食易見鼻衄、

〔驗方〕1. 凡思慮過度、耗傷腦筋、遇事頭腦脹痛、怕煩喜獨處、夜則失眠、記憶力衰退、心悸怔忡、耳鳴頭暈、常服桂元、能有補腦養神、養血開胃之功、服法每日廿枚、去核及殼、取肉煮汁、分二次服、或蘧量煮濃去渣成膏、日服二次、每次半匙、開水冲下、

2. 代參膏 自剝好龍眼肉盛磁碗內、每肉一錢加砂糖一錢、素體多火者、再加西洋參片、如糖之數、碗口糊以桑皮紙數層、上刺數孔、日日在飯鍋上蒸之、蒸及百次、凡衰羸老弱、別無痰火之疾者、每以開水瀹服一匙、大補氣血、力勝參芪、產婦臨盆服之尤妙、產後喉痛者、洋參桂元湯、

3. 疔瘡初起、未出膿者、以此治之、無不奏效、先取甘草末散惡處、而以桂元肉蓋上、勿使破碎、藉免甘草末流出、最好以布裹之、或用膏藥貼之、每日加甘草末二次、如桂元肉將乾、卽換去、如是三五日卽愈、於手指疔毒尤宜、

著者按、龍眼氣味甘溫、多似大棗、但此甘味更重、潤氣尤多、於補氣之中、又有補血之力、故能益脾長智、養心保血、爲心脾要藥、是以心思勞傷而見健忘怔忡、驚悸、腸風下血、俱可用此爲治、蓋血雖屬心生而

亦賴脾以統思慮、而氣既耗、則非甘者不能補、思慮神損、則非潤者不能濟、龍眼甘潤兩兼、既能補脾固氣、復能保血不耗、則神氣自爾長養、而無驚悸健忘之病矣、

[桂元核]驗方1.金刃獨聖丹、治刀斧傷、止血定痛、法以龍眼核剝去黑殼、一層炒研極細、每兩加冰片一錢、和勻再研、密貯備用、凡遇金刃傷、以此敷之、停疼止血生肌、愈後無疤、若傷髮際、更能生髮、不比他藥、愈後不長髮也、

2.治一切瘡疥、用龍眼核煅存性、麻油調敷卽愈、癬用米醋磨搽

3.治腦漏、用廣東圓眼核、入銅爐內燒烟起、將筒薰入患鼻孔內數次、卽愈、按腦漏乃鼻淵之症、實非腦疾也、

四　榧子殺虫小兒妙品

[形狀]榧子屬果類之一、高數丈、種子爲核果、秋末成熟、作橢圓形、長八九分、淡黃褐色、外部有多脂之肉、內有尖長之核、炒食其仁、香脆甘美、

[功效]小兒炒食、殺蟲消積、肥兒妙品、凡寸白蟲蚘蟲均宜之、有痔人多食滑腸、

五　蓮心止遺精石蓮醫噤口

蓮肉、白蓮產江西、餘產浙江、安徽、建蓮產福建、外質雖醜、皮色老紅、但質味甘甜、居首、湘蓮產湖南湘潭、肉質幼嫩、

蓮心未熟時、柔軟味甘、破之中有苦味青芽、熟則作褐黑色、

[功能]補心益脾、治泄固精、用作强壯滋養藥、久服養神益力、食譜云、鮮者甘平、淸心養胃、治痢、生熟皆宜、乾者甘溫、可生可熟、安神補氣、固下焦、治女人崩漏帶下、男子泄精、厚腸胃、愈二便不禁、可磨粉作糕、或同米煎粥、健脾益胃、頗著奇勳、以紅花所結肉厚而軟者良、生食須細嚼、熟食須開水泡、剝衣挑心煨極爛、用此作爲茶點、淸心補腎甚良、

蓮鬚長僅寸餘、質軟如綿、生時色黃、乾則色白、

[功能]固腎濇精、用作收濇藥、蓮蓬殼止血崩、治經血大下不止、用陳蓮蓬殼炙存性、服二錢、石蓮子即蓮子經霜後堅黑而沉於水者、其性如石、

[辨別]藥肆所售石蓮、有長圓兩種、圓者即蓮子、有殼淺黑色、入水即沈、故名石蓮、長者乃一種樹李、或云即鷄婆子、殼深黑色、其肉青黃而韌、打碎無心、味苦辛濇、有毒、嚼爛吞下、刺舌痺喉、用之不但無效、反有大害、不可不辨、

[功能]開胃進食、淸心除煩、袪溼熱、主治噦逆不止、噤口痢疾、淋濁等症、

著者按、石蓮子因其入土日久堅實、因其性濇、蓮子本爲健脾之藥、蓮殼本帶有單尼酸、故有收歛性、治虛熱痢甚效、

六　紅棗補心烏棗健脾

[產地]有紅棗、黑棗、烏棗、南棗等稱、係棗樹果實、採取其成熟者、蒸之、晒乾、用棗屬落葉喬木、高二丈餘、烏棗產山東兗州府、乃由天津、烟台、靑島出口、十月出新、以樂呂磨盆棗爲最好、棗皆紅色、燒馬屎烟薰之、變黑、則成烏棗、紅棗產山東武定府利津縣、九月出新、南棗產安徽省、來自鎭江、

[形狀]棗爲赤褐色、有光澤、橢圓形果實、外皮厚、有皺紋、肉黃白色、中有核仁、其成分含有糖質及黏液質、

[功能]補脾胃、治瀉痢、調營衞、治陰痿貧血、

[作用]入胃後與胃酸起作用、而成有效糖素、其腸被吸收而達血中、使氧化力增加、細胞繁殖力擴大、故爲緩和强壯藥、

[宜忌]小兒疳病、胸膈飽脹、痰熱病、齒痛者、均不宜食、

[效方]1.瘡瞰用紅棗、白殭蠶各四兩、先用水煎紅棗一二滾、取棗湯洗殭蠶、渠湯以棗去皮核搗爛、殭蠶晒乾爲末二兩、同棗搗和爲丸、四兩、仍用紅棗湯送服、

2.愈瘡棗、紅棗三斤、豬板油一斤、陳皮三斤、共入砂

鍋內煮乾、加水三斤、煮至一半、不時取食、食完瘡愈、

3.調和胃氣、以乾棗去核、緩火逼燥、爲末、入生薑末少許、白湯調服、棗益脾胃、姜辛能開、製方甚美也、

著者按、乾棗甘溫、補脾養胃、滋養充液、潤肺安神、食之耐飢、亦可浸酒、取瓤作餡、臥時口含一枚、可解悶香、以北產大而堅實、肉厚者補力尤勝、名膠棗、亦曰黑大棗、色赤者名紅棗、氣香味較清醇、開胃養心、醒脾補血、亦以大而堅實者勝、可取瓤和粉作餅餌、尤之辟邪穢、歉歲可充糧食、義烏所產南棗、功力遠遜、僅供食品、徽人所製密棗、尤爲膩滯、多食皆能生蟲、助熱損齒生痰、汪訒菴云、大棗甘溫、能補中益氣、滋脾土、潤心肺、調營衞、緩血生津液、悅顏色、通九竅、助十二經、和百藥、傷寒及補劑加用之、以發脾胃升騰之氣、多食損齒、中滿症忌之、

南棗出金華東陽縣茶場、以透明如血、聚七枚長一尺者良、核細如粟、決之卽脫、能補脾胃、生津液、

[效方]1.治腸紅下血、南棗五枚、同黃蓍一錢煎湯、五更服、又方南棗十枚、槐米一兩、同煎、去米食棗、日三次卽愈、

2.治痔瘡、南棗一枚去核、鼈頭一個搗碎、銅青塞滿棗內、紮緊火烙烟盡、伏土存性、研細、用秋海棠煎洗、然後用藥和水敷之、三日消、

3.棗參丸、用大南棗十枚、蒸軟去核、配人參一錢、布包藏、入鍋內蒸爛、搗勻爲丸、如彈子大、補氣便捷、又方大南棗一斤、好柿餅十塊、芝麻半斤、去皮炒、糯米粉半斤、炒、佐芝麻研成細末、和棗柿同入飯中蒸熟、取出去皮核子蒂、搗極爛、和麻米兩粉、再搗勻爲丸、加參更妙、

七　松子仁潤腸

[形狀]松子爲夷果之、樹高至數丈、果實甚大、爲毬果、呈長卵形、長六七寸、各鱗片間有兩子、長五分許、有脂氣甚香美、上有三稜、一端略尖、

[功能]通虛祕、用於潤燥、鎭咳、藥食譜云、海松子甘平潤燥、補氣充飢、養液熄風、耐飢溫胃、通腸辟濁、下氣香身、最益老人、

家庭食物療病法

[宜忌]凡胃薄便溏、及有溼滯痰飲者禁用、

[效方]1.治大便虛祕、松子仁、柏子仁、麻子仁各等分研如泥、爲丸桐子大、每服五十丸、潤燥通腸、

2.治肺燥咳嗽、用松子仁一兩、胡桃肉二兩、研膏和熟蜜半兩收之、每服二錢、食後沸湯[illegible]服、秋燥乾咳、食之甚宜、

八　胡桃肉定喘濇精

[形狀]產山東青州及關裏等處、十月出新、爲落葉喬木、高六丈餘、高可六尺、果爲核果、中隔淡褐色之子皮、皮內包藏子仁、仁爲白色脈乳形、如雙[illegible]、又有一種山胡桃、核殼爲卵圓形、厚而堅硬、殼外有無數凹凸、難破碎、必須以炭火焙之、再入水浸之、然後以小刀於其開口部破之、乃得子仁、亦可生啖、

[成分]其營養上之價值、爲水分四・七四、蛋白質二八・四七、脂肪五九・一八、無窒素有機物三・一九、纖維一・五四、灰分二・八八、

胡桃壓出之油、初澄明、色淡黃、經日則作深黃色、易變性、

[功能]補肝腎、煖腰膝、治遺泄、療痰嗽、係滋養強心壯藥、肉能潤養、皮能濇歛、

[宜忌]胡桃味甘氣熱、皮濇肉潤、贊黑諸書皆言能通命火、助相火、溫肺潤腸、補氣益血、歛氣定喘、濇精固腎、蓋因味甘則三焦可利、汁黑則能入腎通命、皮澀則氣可歛、而喘可定、肉潤則肺得滋、而腸可補、氣熱則食不宜多、故肺有熱痰、命門火熾者忌之、

[效方]1.服胡桃法、凡食胡桃、不得并食、須漸漸加之、初服一顆、每五日加一顆、至二十個爲止、[illegible]而復始、常服令人骨肉細膩光潤、鬚髮黑澤、血脉通潤、

2.老人喘嗽、氣促睡臥不得、服此立定、胡桃肉去皮、杏仁去皮尖、生薑各一兩、研膏入煉蜜少許、和丸如彈子大、每臥時嚼一丸、薑湯下、按此方體寒者宜、肺虛火盛、不可妄用、

3.遺精、核桃仁四兩、搗爛、黃臘二兩、化開、爲丸桐子大、每服一錢、開水下、取其澀歛之功也、

4.小兒頭瘡、日久不愈、胡桃和皮、燈上燒存性、盌蓋

出火毒、入輕粉少許、以油調塗、一二次即愈、

5. 咳嗽不止、胡桃一斤、去殼切、勿去皮、研碎、白蜜一斤、先將猪油一斤熬去渣、入兩藥同滾熱、貯磁器內、每早取二調羹、滾水冲服、雖一年半載痼疾、亦可逐漸減除、且甘美易服、

6. 白癜風、取新鮮胡桃、(天津秋時有賣)、劈開去殼、將綠色新肉搗擦患處、即發黑、三數日後、黑皮退後即愈、

油胡桃、即胡桃仁日久出油者、能殺蟲攻毒、塗大痲風疥癬楊梅白禿諸瘡、潤鬚髮

九　白菓定喘療肺癆

[形狀]白果又名銀杏、以其形似小杏而核色白也、高至數丈、一枝結子百十、核作二角爲雌、三稜爲雄、大六七分、中有白色之仁、經霜乃熟爛、去肉取核爲果、其仁嫩時綠色、久則發黃、其樹宜雌雄同種、兩兩相對、乃能結實、其成分含多量脂肪及蛋白、

[功能]歛肺定痰喘、濇收止帶濁、因其能制止陰道黏膜之分泌、並有殺蟲之功用、作袪痰藥、又爲滋補強壯藥、

[效方]治肺癆驗方、將白菓連外肉搯下、浸菜油內、至三年後取用、愈陳愈佳、臥時連外肉一併嚼爛、用淡鹽湯送下、久服自效、

著者按、雖屬一物、而生熟攸分、不可不辨、如生食則降痰解酒、消食殺蟲、搗塗面鼻手足、則去皰皶黚灰油膩、並能死蟲虱、何其力銳氣勝、能使痰垢悉除也、其熟食竟不相同、多食令人氣壅臚脹昏悶也、銀杏之治喘、乃治喘之哮者、因胸中之痰、隨氣上升、黏結于喉嚨之間、氣出入不利、與痰相擊、成聲、此痰得之鹹酸太過、此果經霜乃熟、稟收降之氣獨多、故能逐凝滯之痰也、

十　芝麻潤大腸枯燥

[形狀]芝麻爲一年生草本、供食用及製油、故栽種甚多、莖高三四尺、果實爲蒴果、有長橢圓形、核角長八九分、熟則縮裂、中藏多數扁平細小種子、有黑白

家庭食物療病法

褐三種、俱有一種芳香、每年七八月間、拔取枯幹、器具盛之、晒于日中、待其角燥自裂即得、

麻油爲淡黃色或金黃色之油狀液體、有香氣、味緩和、能利大腸、生榨者良、薰炒者止可供食燃燈、其有效成分爲胡麻油、即脂肪油也、於營養上分析之如下、蛋白質二〇・五四、無窒素有機物一二・六灰分八・三六、水分六・九三、黑芝麻爲蛋白質一九・六五、脂肪四四・一五、無窒素有機物一九・四三、灰分二〇・一二、水分六・六五、

胡麻取油、以白者爲勝、服食以黑者爲良、胡地者尤佳、取其黑色通于腎而能潤燥也、外科用以熬膏、清涼解毒甚良、

[功能]產前常服滑胎易產、便祕人服之尤宜、益肝補腎、養血潤燥、爲滋養強壯藥、

[效方]1.熱痢及老人虛體便祕、麻油白糖各四兩、開水冲服、

2.湯泡火傷、無論輕重、即用是法治之、神效無比、先用眞麻油數一次、再用糯米淘水取汁、加眞麻油一茶盅、多加更妙、用筷子順攪一二千下、切莫倒攪、可以挑起成絲狀、然後用舊筆蘸油搽上、立刻止痛、愈後亦無疤痕、凡遇湯泡火傷、卽急用童便灌之、以免熱毒攻心、或用白沙糖熱水調服、或用蜂蜜調熱水灌之、均佳、萬不可用冷水或井泥溝泥等物、卽使痛極難忍、亦宜耐之、倘誤用冷水淋之、則熱氣內侵、輕則潰爛筋骨、手足攣縮纏綿難愈、重則攻入心臟、有關生命之險、

康按、芝麻味甘氣平、潤肺開閉、益精液、潤下腸、治大便燥急、養血舒筋、療語蹇步遲、醫髮枯髓涸肉減乳少、經阻諸症、外醫一切瘡瘍、生肌長肉、敗毒消腫、殺蟲治禿、用以煎製膏丹、敷貼良效、

十一　芡實益腎療遺精

[形狀]芡實一名鷄頭、其苞形頗似鷄頭、故名、凡池澤水中處處有之、乃生于暖帶池沼之水草、葉頗大、直徑五六寸至二三尺不等、其花日開夜萎、實狀如鳥喙、大一寸許、迨成熟則爲三寸許之球實、果肉中

包藏種子、少則八粒多則二十、爲圓形、外皮呈淡黑色乾則變灰白色中有仁烈日晒裂取出亦可舂取粉用、

[功能]補脾治痰濁益腎療遺精、泄瀉、爲強壯澀精要藥、治思慮色慾過度損傷夢遺滑精、

芡實粥、雞頭三合煮熟去殼粳米一合煮粥日日空心食之能益精氣強志意明耳目補腎澀精犯夢遺滑精者宜、

廣按芡實甘平、補氣益腎固精耐飢渴、治二便不禁、強腰膝止崩淋帶濁必蒸煮極熟放齒細嚼使津液流通始爲得法鮮者鹽水帶殼煮而剝食亦良乾者可爲粉作糕煮粥代糧惟能滯氣多食難消芡葉全張、須不破碎者煎湯能下胞衣、

又云芡實入脾腎補脾胃固精氣之藥也、脾主四肢、爲溼所侵以致腰脊膝痛而成痺脾氣得補則溼自不容留脾主中州益脾故能補中入腎故主益精精氣足、脾胃健久服自能聰耳明目輕身不老也、

十二　苡仁滋補之力甚大

[形狀]爲一年生草本幹高四五尺、七月中旬、開花後結淡褐色有光澤之橢圓形小實實中有孔指壓之其皮自破其仁類麥粒而狹長外部有淡褐色薄皮內部白色嚼之如糯米、

[成分及效用]苡仁爲最富營養、易于消化之穀類、含蛋白質極多並含麩質脂肪亦多其質透明有似燕麥但其滋養則遠過之其成分爲蛋白質一七・五八脂肪七・一五炭水化物六二・四一故其滋養力較之白米、有過之無不及其所含石灰質及燐質亦頗富石灰質爲構造我人骨骼之原料燐質足以滋補衰弱之腦系然則苡仁之滋養力不亦大乎、

[功能]生用利溼熱炒用止瀉痢常作利尿及健胃藥又治腎臟炎、

著者按苡仁甘淡微寒、經曰、地之溼氣、感則害人皮肉筋脈、又曰、風寒溼三氣合而成痺此藥性燥能除溼味甘能入脾補肺兼淡能滲泄、故主筋急拘攣不

可屈伸、及風溼痺、除筋骨邪氣不仁、利腸胃、消水腫、令人能食也、書載苡仁上清肺熱、下理脾溼、以其色白入肺、性寒瀉熱、味甘入脾、味淡滲溼故也、凡肺痿肺癰、水腫濕脾、脚氣疝氣、泄痢熱淋、皆能利水、使筋不縱弛、若津枯便祕、不宜妄用、

第三章　蔬品

一　生薑祛寒止腹痛

[形狀]初生嫩者、其尖紫、名紫薑、或子薑、宿根謂之母薑、或老薑、原溼沙地均有之、以漢、温、池州、荊州、揚州爲良、乃多年生草本、莖高二三尺、性惡溼而畏日光、故秋熱則無薑、

[成分]性温、含有揮發油、軟性樹脂、越儿斯質、澱粉、巴蜀林等、其有效成分乃揮發油、大抵爲一%至二%、淡黃色稀薄油液、

[作用]能發表散寒、止嘔開痰、刺戟胃神經、使胃分泌增多、蠕動加速、可刺戟小腸、使乳糜管吸收力強、幷能減少分泌、故爲止吐健胃藥、

[宜忌]生薑辛温、主開發、夜則氣本收斂、用薑則反其道而行之、故違生理矣、諺云、夜間食薑、過于殺娘、殆指此也、癰疽人多食、則生惡肉、陰虛有熱者勿食、康按、薑辛熱、散風寒、温中祛痰溼、止嘔定痛、消脹、殺蟲、治陰冷諸病、殺鳥獸鱗介穢惡之毒、可醬漬、可糖醃、多食久食、耗液傷陰、病非風寒外感、寒溼內蓄、及內熱陰虛、目疾、喉患、血症、瘡瘍、嘔瀉有火、暑熱時瘧、熱哮火喘、及時病後、痧痘後、均不宜食、又曰、薑辛而不葷、去邪辟惡、生啖熟食、醋醬糟鹽、蜜煎調和、無不宜之、可蔬可和、可果可藥、無往不宜、早行山行、宜含一塊、不犯霧露寒濕之氣、及山嵐不正之邪、

[效方]九龍薑治痢神藥、凡患痢疾、略服少許、即使霍然、無論何種痢疾、雖日夜至百十遍、百藥不效、諸醫束手、奄然待斃、無不藥到病除、起死回生、且愈後絕無流弊、勿因其收効太速、而恐釀他症也、老生薑數斤、二三斤至十餘斤不拘、視烟土多寡、烟鍋大小

而定烟土以大土爲上、廣土雲土次之西土又次之、先去泥、不去皮、整塊用線穿起、（如慮其烟汁不能透入、用竹籤戳數孔亦可、）俟煎烟時、（煮炮過籠、以水貯鍋中收膏時、）置鍋中煮之、約一二刻鐘、至烟欲起鍋時、（蓋水已熬少、將近稠厚、煮煙者謂之來膏、）取出懸于簷下、可避雨而無風日處乾之、再俟煮烟時、如前法煮之、再懸于簷下晒之、如是者九次、則薑已結成墨色、冬晒透收藏、遇有患痢者、以數釐約三五厘至六七厘、隨症輕重用之、（最好先少服、俟有效再服、加多爲安、蓋其中雖有烟質、然在一分之內、亦無妨事、不過多服、則心中小有嘈雜耳、惟素有烟癖者、須酌加、小兒孕婦、均宜減輕、勿求速效爲要、）如泡茶然、俟能入口時、連渣服下、服後即覺腹中微響、即已愈矣、或再瀉一二次而愈、如仍未愈、乃病重藥輕、再進一次、或酌量加服一二厘、至三次無不愈矣、著者按、此方確具奇效、惟方中須用烟土、此後已不可復得、蓋政府方在嚴禁之例、 不應再將此方傳佈、但思鴉片原爲療病之品、尚不能因噎而廢食也、故仍錄出、藉見製方之妙、

2. 薑汁罨治小腸氣、疝氣俗名小腸氣、有此症爲畢生之患、起居偶一不慎、如受寒忍飢、及種種勞神勞力過度、皆足引起疝氣發作、法用鮮生薑搗汁一茶盅去渣、攜入浴室洗澡、俟週身汗出之後、以腎囊置碗中、浸入薑汁之內、囊際微覺若針刺、即漸收縮、十餘分鐘、薑汁悉從毛孔吸入無餘、腫如瓢大之腎囊、已縮小恢復原狀矣、

3. 受寒腹痛、用生姜數片煎湯、和砂糖飲之即止、

4. 背冷惡寒、乃陽虛之徵、用生薑數斤搗汁、棉花浸透、晒乾縫成背搭、穿之、老年陽虛喘嗽不止者甚宜、

5. 食物中常生薑數片、能解魚肉菌毒、又能健胃也、

6. 冷嗽病、逢寒必發、喘嗽不止、用生薑汁同白蜜熬服即愈、

7. 姜皮以皮行皮、能消浮腫、治脹痞滿、癥症宜服、

8. 反胃嘔吐、將生薑一塊、直切成薄片、勿令斷、層層摻鹽、以線紮緊、外用草紙七層包之、用水泡濕、慢火煨熟、取汁搗爛、和米煎服立效、胃寒者宜、火盛忌之、

家庭食物療病法

9.治痢、用生薑切細、和好茶一兩盌、任意呷之、便瘥、熱痢留薑皮、冷痢則去皮、大妙、此即薑茶飲也、

二　葫蘆治臌脹

[形狀]爲菜類之一年蔓生草本、園圃多植之、莖纏絡于他物、至秋結實、如大小兩球而疊狀、

[功能]利水道、治腹臌面腫、用陳葫蘆連子燒存性、每服一個、食前溫酒下、不飲酒者白湯下、

三　萊菔消食子能化痰

[形狀]各處均產、江蘇以宜興者爲佳、乃一年或越年生草本、莖高三四尺、根長大、白色多肉、可供菜茹、

[功能]破氣化痰、清熱消食、生者搗汁服、止消渴、

[效用]蓋米麥山藥百合等各種食物、含澱粉甚多、此等食品入胃、能不能驟然吸收入體內、必與唾液及膵液混合、始能消化、但有時食之過多、膵液唾液不足供給、由于是發生食積矣、萊菔能化食物中澱粉爲糖分、又能使動物肉類之結締組織漸見溶解、

康按萊菔生者、味辛性涼、熟者味甘溫平、故下氣消穀、去痰癖、肥健人、及溫中補不足、寬胸膈、利大小便、化痰消導宜煮熟用之、止消渴、和麵麥、行風氣、去邪熱、治肺痿吐血、肺熱痰嗽、下痢者生用可也、

[效用][illegible]喉症、冬時採萊菔葉懸樹上、或拋屋上、至立春前一日、收入甏中藏封、如不乾燥、收掛屋內、俟極燥入缸、凡一切喉症、洗淨濃煎、覆盃立已、並治時行客感、斑疹癘痢、及飲食停滯、脹瀉疳疸、痞滿諸症、

2.痰厥或氣厥、發時痰塞咽喉、命人扶持、切忌臥下、否則痰一上壅、即有性命之虞、急搗萊菔汁灌下、即清醒、

3.治臌脹、取小萊菔一根、周圍鑽七孔、入巴豆七粒、待其結子、取子又種、待萊菔結成、乃鑽七孔、入巴豆七粒、再種、如是三次、至第四次將開花時、連根拔起、陰乾收貯備用、凡遇臌脹、煎汁服之、重者二枚立愈、蓋借巴豆峻利之力也、

4.急救煤毒、冬天擁爐取煖、偶或不慎、中煤毒者甚多、往往致死、不可不慎、先將患者半臥于空氣充足

處、解開胸部衣服、先以冷水噴其面、次搗白萊菔灘汁、冲開水待半溫灌之、

5.凍瘃用白萊菔打碎或切碎、內揀大者、切二三寸一段、用水煎一二十滾、不可太爛、亦不可太生、以所煮湯薰洗、並將萊菔在瘡上磨擦、一日洗擦三次、連洗三日卽愈、永不復發、

6.瞽目重明、冬至日取大萊菔一枚、開蓋摳孔、入新生紫殼鷄蛋一個在內、仍蓋好、埋淨土中約四五尺深、至夏至日掘出、用女人衣裳包裹、藏磁器內、否則恐遇雷電、龍卽攝去、卵白卵黃俱成淸水、名養孔雀、乃神方也、用點目疾雖瞽者可以重明、

7.噤口痢、此方有起死回生之效、白萊菔汁一大杯、煮沸半熟、白蜜小半杯、服之卽愈、

8.泄瀉腹脹或紅白痢、冬至日擇萊菔數枚、或萊菔甲、(卽萊菔葉背面已生白毛者)連鬚葉帶根置屋上、晝夜曝露、立春日取下、用繩紮掛通風處陰乾、候用、凡泄瀉者、將萊菔乾葉用淸水洗淨、煮汁服之卽愈、絕無內炎之弊、患腹中膨脹者、服之可立愈、覺寬脹、如患赤痢加紅糖、白痢加白糖、煮服無不立愈、

9.螺疔初起時、取大萊菔一個、將頭切開、鑽一洞、須比手指大、用雄黃傾入、仍將萊菔蓋好、蒸于飯鑊內俟熟、卽取出、將蓋揭去、速將患指套入、逾五分鐘後、卽可棄去、越數日紅退腫消、安然若失、且永無後患、

萊菔子大如麻子、扁平長圓、表面呈黃赤色、榨之有油、濃稠而帶黃褐色、其有效成分、卽此揮發油、

[功能]健胃、祛痰、消食、主治氣管支炎及消化不良、

[作用]入胃能助胃液消化澱粉質、使造成多量糖素、至腸始漸次吸入腸壁、而達血中、令血液氧化增進、全身熱量增高、肺臟之呼吸作用亦令進行、痰遂被逼而出、

[效方]痰飲之症、乃胃機能衰弱、慢性胃粘膜涎液分泌過多、致消化過剩、食物停滯、痰涎壅積、下脘痞悶脹、嘔吐粘涎、或咳嗽、痰粘不爽、痰塊濃厚、舌被厚而且膩之白苔、可用萊菔子一二錢、研細煎湯服、大有健胃消食祛痰之功、

家庭食物療病法

四　大蒜殺菌療肺癆

〔形性〕　蒜屬百合科蒜之球實、多生暖地、為多年生草本、臭氣極烈、地下有大鱗莖、葉類水仙、細長扁平、入藥以獨子者為佳、

〔成分及效用〕入胃後、被胃酸化合、所含各質、如揮發性含硫油、及大蒜油、漸次分解、刺戟胃粘膜、使腸壁吸收增進、故能治一切不消化性瀉痢、為消化器一切細菌性痰患之要藥、德藥為力撒丁、即由此物提出、更由腸壁吸收、而達血中、促進血液流動、同時由中樞神經而傳入氣管枝神經、氣管枝四圍粘膜分泌增加、而迫痰外出、為治肺癆之特效藥、又能發汗利尿、逐穢通竅、

〔宜忌〕大蒜味辛氣溫、辛溫太甚、故其性有毒、薰臭異常、不宜食、食辛溫能辟惡散邪故主除邪、殺毒氣、外治散癰腫熱瘡、辛溫走竄無處不到、脾胃之氣最喜芳香薰臭損神耗氣、故久食則傷人肝開竅于目、目得血而能視辛溫太過、則血耗而目損矣、總之其功長于通達走竅、祛寒濕、辟邪惡、散癰腫、化積聚、煖脾胃、行諸氣、解瘟疫等也、

〔效方〕大蒜治肺癆有絕大効力、能使全身症狀減退、稀少痰量、鎮咳嗽、止盜汗、治呼吸困難、更能滅菌殺蟲、服後其酷厲之揮發油、能攢透全身、增進食量、體重加增、血液濃厚、心力活潑、大蒜之有効成分、多在其揮發物中、宜生用之、勿以生食有不快臭氣而厭惡之、如煮熟之後、則其揮發物漸行去矣、用之必不得其効、治癆之法、取去皮大蒜切片、用高粱浸成十分之二、酒色初淡黃、後現深黃、及泛深黃色、入瓶密貯、至少須二十天可用、每次服蒜片二分半至三分、日服三次、可以久服、極有效力、

2. 醋大蒜能辟痧氣、痧疫初起、肚痛泄瀉、或胸悶嘔吐、類似霍亂、可以大蒜用鹽和赤砂糖醃好、和燒酒或醋同吃甚效、

3. 治咽喉腫痛、用大蒜頭一個、稍和食鹽打爛、敷在虎口穴、男左女右、不多時即起一泡、隨以銀針挑破、流出毒水、其痛即止、此方百發百中、牙疳喉痺、及單

雙乳蛾皆效、

4. 塗發背癰腫、取獨頭蒜橫截一分、安腫頭上、炷艾如梧子大、灸蒜百壯、自覺漸消、但勿太熱、覺痛即燃起、蒜焦即更換新者、勿損皮肉、不計壯數、惟須痛者灸之不痛、不痛者灸之痛而止、疣贅之類灸之亦便如痂而脫、

5. 鼻血不止、或泄瀉暴痢、服藥不應、用蒜一枚去皮、研如泥、作錢大餅子、厚一豆許、左鼻血出、貼左足心、右鼻血出貼右足心、兩鼻俱出、俱貼、立瘥、

康按大蒜氣味辛溫、開胃健脾、宣竅辟惡、爲袪[illegible]除濕、解暑散痰、消腫化毒、第一[illegible]劑、然皆因味辛則氣可通、性溫則寒可辟、而諸惡、諸濕、諸熱、諸積、諸暑、莫不由此俱除矣、是以書云功能破堅、化毒、殺蟲、用此貼足則鼻衄能止、用此導閉則幽明能通、用此敷臍則下焦水氣能消、用此切片艾灸、則癰毒無瘡腫核能起、但其氣薰臭、多食恐能生痰動火、散氣耗血損目昏神、

食譜云、大蒜生者辛熱、熟者甘溫、除寒濕、辟陰邪、下氣煖中、消穀化肉、辟惡血、攻冷積、治暴瀉腹痛、通關格便祕、辟穢解毒、消痞殺蟲、外炎癰疽、行水止衄、制腥臊鱗介諸毒、入藥以獨子者良、昏目損神、不宜多食、陰虛內熱、胎產痧痘、時病瘡瘧、血證目疾、口齒喉舌諸患咸忌之、子苗皆可鹽藏、葉亦可茹、

五　筍能透發痘瘡

[形狀]筍、江浙兩省產者、肥嫩最佳、其筍未出土時、大者重二十餘斤、肉白如霜、質軟嫩如腐、墮地即碎、嗅之作蘭花香、爲最佳、以其籜有毛、故呼毛筍、大者清明後方可採掘、冬筍出于臘月及正月、形短小、尤鮮美、

[功能]化痰涎、消食積、通血脈、治肺痿痰嗽積滯、多食令人心嘈易飢、瘍症勿多食之、

[效方]1. 痘疹不出、採未出土冬筍煮粥食、即有生發之意、

2. 筍尖功能透發、凡患癰疽潰而不腐、膿水稀少者、服之瀉泄即安、

家庭食物療病法

六　胡椒調味健胃

[形狀]胡椒原產印度、今則中國美洲均有產、在于熱帶之地、蔓圓而直、長達丈許、實爲肉果、大如豆、形圓、皮生綠熟紅、後變黃褐、晒乾收縮起皺變黑、爲黑胡椒、除去其皮爲白椒、外面滑澤、色灰白、俱有刺戟、性芳香、味辛辣、常剉末用、

[成分]爲胡椒素、軟樹脂、揮發油、脂肪、護膜澱粉、有機酸、鹽類等、

[功能]溫中下氣、煖胃消痰、辛味刺戟胃腸、促其蠕動、爲健胃藥、用于胃弱、消化不良、又能醫治瘧疾、又可和入食料、作調味品、

[作用]入胃後能刺戟胃神經、使胃蠕動增速，分泌加多、消化力強盛、至腸壁吸收入血、增大血壓、既可興奮精神、又能退除瘧熱、

[宜忌]熱病人食之、動火傷氣、病目咽喉口齒有疾者勿食、

著者按、胡椒味辛氣大溫、性雖無毒、然辛溫太甚、過服不免有害、其主下氣溫中、祛痰除臟腑中寒、腸胃爲寒涼所乘、腹痛胃寒吐水者宜之、

七　花椒可止齒痛

[形態]產廣東、北江、英德、清遠、大灣、陽山、七拱、青連等處、屬落葉喬木、五月結實、生青熟紅大於蜀椒、八九月採之、

[效用]含揮發油及脂肪、辛溫散寒燥濕、下氣溫中、有催進食慾之功、用於慢性胃炎、又可作齒痛藥陰虛火旺者勿食、

八　葱白發表透汗

[形狀]葱葉與他葉不同、但中空成管、末端尖而直立、色青綠可愛、葉底不受日光、故色白、莖沒入土中

[功能]發表和裏、通陽活血、用作發汗利尿藥、

[作用]入胃後、能刺戟胃粘膜、使分泌增加、至腸能使吸收作用強大、減少分泌、使大便燥急、並可殺死赤痢菌、腎臟血管充血、利尿作用增進、使全身過量

水分迅速排出、

[宜忌]犯外瘍者勿服、易致管漏、

康按蔥頭去青止用白頭辛溫通竅、專主發散、透一切表邪之症、大能發汗逐邪、疏通關節、

[效方]1.乳吹腫痛、以蔥一大把、搗成餅狀、加麝香少許攤貼乳上、再用火灰一罐、覆于蔥上、須臾汗出腫消、乳汁亦通而愈矣、

2.感冒風寒、初起卽用蔥白一握、淡豆豉泡湯服之、取汗、

3.耳中腫塞作痛、取龍爪蔥一段塞之、開竅通寒甚效、

胡蔥爲菜類之多年生草本、高一二尺、折莖則出液汁、葉爲複葉、細長而稍扁平、地下莖爲鱗狀、

[功能]其性辛溫、氣臭、溫中下氣、消穀能食、殺蟲、

九　大茴香治小腸氣

[形態]煮臭肉入少許、卽無臭氣、臭醬人末亦香、故曰茴香、產于吾國西南諸省、味香純甜、有產日本處者、味辛香辣不甜、爲多年生宿根草、高五六尺、果爲乾果、香氣甚烈、長二三分、作黃灰色、圓柱狀、尖端有圓錐狀柱頭、如易脫落、氣味芳香、味甘、

[功能]祛寒濕、治疝氣、並治神經衰弱之消化不良、

[成分]內含揮發性茴香油、及脂肪糖質等、茴香油爲淡黃色液體、有芳香甘味、及爽快香氣、其油之主成分爲阿尼篤兒、此外尚有少許鐵魯平、

[作用]能刺戟胃腸血管、使精神興奮、全身血行流動增加、故可作健胃藥、且能殺蟲辟穢、肴饌所宜、制魚肉腥臊而毒、

[辨別]若今市肆所售八角茴、其性大辛大溫、不可妄用、實大如柏實、裂爲八瓣、一瓣一核、大如豆、黃褐色、有仁、味更甜、常以煮雞鴨豕肉、及諸飛禽走獸、可辟腥臊之氣、不堪入藥、

甯夏產者、結子大如麥粒、輕而有細稜、古書所載謂可治霍亂、膀胱腎間冷氣、癩疝陰疼、調中止痛、嘔吐開胃、下氣煖丹田、治腳氣等症、卽指此而言、

日本有莽果者、又名日本大茴香、其形與八角茴、無

甚差異、惟較小、含有西根末酸毒、性甚強、切不可與八角茴誤用、蘇城有食而致死者、於此不可不審、

[效方]1.能開胃進食、用茴香二兩、生姜四兩、同搗勻、入淨器內、炒黃焦為末、酒糊丸梧子大、每服十丸酒下、

2.疝氣偏墜、睾丸或左或右脹大下垂、而發疝痛、或少腹下部一角牽引扭痛之時、有氣高凸、痛止則無形者、均是也、用大茴香三分至五分研末、鹽湯或水酒沖服、日服三次顯效、

3.腎虛腰痛、大茴香炒研、以猪腰子批開、摻入末、濕紙裹煨熟、空心食之、鹽酒下、腎能入腎、以類相從之義、

著者按、大茴香辛甘性熱、據書所載、入肝燥腎、凡一切沉寒痼冷、而見霍亂癩疝、陰腫腰痛、及乾濕脚氣、服皆有效、但茴香形類不一、有言大如麥粒、輕而有細稜者、名大茴、出甯夏、他處小者名小茴、自番舶來八瓣者名八角茴、今市所用大茴、皆屬八角、而甯夏產者殆難一見、若細咀八角茴、味甚香、味甘、性溫而不烈者、最佳、

十　小茴香亦治疝氣

[形性]產四川萬縣、重慶上各屬、山西陝西均有出、三伏天出新、味純香甜、歐產者名洋小茴、味辛辣而不香、大粒者色青、越年生草本、每年三四月生苗、其子簇生、氣辛臭不及大茴、

[功能]祛冷療疝、理氣開胃、補脾調中、止嘔逆、解魚肉之毒、

康按小茴形如粟米、辛香氣溫、與甯夏大茴功效相同、入肝燥腎、溫胃、但其力稍緩、不似大茴性熱、視症之輕重、分別用之可耳、

十一　毒菌與食用菌鑑別法

一、毒菌生陰濕地方、無毒者生乾燥地方、二、毒菌顏色美麗、無毒者呈白色或作茶褐色、三、毒菌摘後容易變色、其所變之色、多為青色綠色、或茶褐色、無毒

菌則決無變色之事、四、毒菌多柔軟且富水分、無毒菌多緻密且脆、五、榨取液質、試驗之、其混濁如乳汁者爲毒、澄清如水者爲無毒、六、菌味辣而苦、且有一種酸鹹之味、刺戟舌部者爲毒、七、冬春生者無毒、夏秋生者有毒、有蛇蟲從下過也、夜中有光、欲爛無蟲、煮之不熟、上有毛、下無紋、仰卷色赤、均有毒殺人、最好銀針試之、或投以薑屑飯粒、發黑者、不可食、中其毒者、地漿及糞汁解之、

松菌凡山野赤松林樹下、恆有出、爲菜類之一種、隱花植物、大者蕈傘徑四寸許、柄長三寸許、傘之下面有襞積、中生微細胞子、香氣芳烈、可供食用、味脆而美、或煮或煨、

最當用者爲香菇蘑菇、頗不易消化、然有一種香味、可以增進食慾、惟均爲鮮毒之品、瘍瘍症均忌之、

十二　芫荽透痧痘

「形態」芫荽又稱香菜、爲一年生草本、多自生水邊、或栽植園圃、有麻醉性之惡臭、莖細長中空、高一二尺、葉互生、薄而平滑、色淡綠、可供菜茹、啖之有壁虱氣、令人口爽、嗜之者甚多、

「成分」百分中含揮發油一分、脂肪油一三分、餘爲蛋白質、單甯等、

「功能」發痧痘、辟惡氣、用作健胃藥、

「效方」痧痘出而不快、用胡荽一兩、酒兩大盞、煎沸沃之、以物蓋定、勿令洩氣、候冷去滓、微微含噴、自頸至足全遍、但勿及頭、

按胡荽辛溫香竄、內通心脾、外達四肢、能解一切不正之氣、故痘疹出不爽快者、能發之、蓋得芳香則運行、得臭惡則壅滯也、若兒虛弱及天陰寒、用此最妙、

十三　黑木耳益陰療痔

「形性」爲菜類之一、寄生于諸木、大者二三寸、形似人耳、裏面色暗褐而平滑、表面淡褐色、或作黃白色、生于朽木之上、無枝葉、乃濕熱餘氣所生、當見于桑槐榆柳楮諸樹上、楮耳人可常食、槐耳療痔、均良、木耳各木皆生、其良毒亦必隨木性、不可不審、略有小

毒、木耳惡蛇蟲從下過者有毒、採歸色變者有毒、夜視有光、爛而不生蟲、均有毒不可食、切宜審之、

[治效]一人患痔、諸藥不效、用木耳煮羹食之而愈、滋陰之力、不減于銀耳、

康按木耳甘平補氣耐飢、活血、治跌打仆傷、凡崩淋血痢痔患腸風、常食可瘳、葷素皆佳、惟有外疾者不可食、

十四　辣茄可擦凍瘃

[名義]辣茄一名番椒、此物莖葉花序、一似茄狀而子味極辛辣、番人帶嗇啖之、故名、

[形性]爲一年生草、高至二三尺、實細長、初綠色、熟則呈赤色、而下垂、乃長圓形莢果、粗如小指、有赤色或黃褐色薄膜作革質、有光澤、中孔有無數黃色心臟形種子、新鮮者有惡臭、乾後消失、味辛烈、如灼貼于皮膚、則刺戟發紅、多食發痔瘍、症忌之、

[成分]爲辛味樹脂、蠟質、色素、鹽類等、用酒精及伊打液浸出液汁、蒸發之、可得黃赤色或赤褐色濃液、卽辛味軟性樹脂也、放空氣中卽凝結、其有效成分、爲加波錫克耳、內服少許、則口腔及胃覺焮灼熱感、有促進消化之功、外用作引炎藥、凍瘃初起、有引血止痛之效、

[功能]溫中下氣、發寒除濕、消食殺蟲、擦癬、開鬱祛痰、清大腸、止瀉痢、

[宜忌]番椒胡椒少量可助消化、用量過多、刺戟消化器黏膜、而起腸胃炎、或刺戟腎臟而起腎臟炎、故不宜多食、

[效方]1.凍瘃未潰紅腫、熱則發癢、抓之則痛、日久潰穿、頑固不易收歛、摩登女人赤臂露腿、習以爲常、冬天仍革履絲襪、家居則圍爐取暖、久坐少動、血液抗冷能力減退、一旦外寒乘襲、乃成凍瘃、所以患者特多、初起失治、一經潰裂、往往至春暖不愈、于未潰時用番椒酒浸棉花、塗患處、一日三次、頗效、可防後發之慮、

2.凡患暴發眼之屬于風火者、用乾紅辣椒連蒂十數枚、擇細長者、置脚盆內、和食鹽少許、用水浸之、就

熱洗病者兩足少停更如法洗之、不過一日之久、必見奇效、著者按此法卽西人引血法之意、與熱水洗足之意相仿、其效均在減少上部充血也、

第四章　菜豆

一　韮菜救吞金韮子療陽痿

[形性]浙江、江蘇、安徽諸省田野間、恆多生產、爲蔬菜之一、道旁亦有野生者、有似葱之葷臭、莖爲鱗狀、生地下、葉細長扁平、性柔軟、一根發生長可尺許、色綠可愛、後結三稜之果、內藏黃色扁平小種子、生搗取汁用、含揮發油之成分、爲硫亞立而、

[功能]散瘀活血、在腸內有消炎作用、故治大腸炎之下痢、亦作諸種出血藥、及噎膈反胃藥、

[宜忌]韮菜春日則香、夏日則臭、多食則能昏神暗目、炒熟空心吃十頓、治胸膈噎氣、擣汁服治胸痺刺痛如針、最宜與牛乳同服、功能溫中下氣、消散胃腕瘀血、有一貧叟、病噎膈、食入卽吐、胸中刺痛、或令取韮汁、入鹽梅鹵汁少許、緩呷、得入漸加、忽吐稠涎數升而愈、此卽仲景治胸痺用薤白、皆取其辛溫能散胃腕痰飲惡血之義、病噎者胃中空虛、故宜佐以牛乳之滋養爲宜、

[效方]1.止金瘡出血、韮汁入風化石灰陰乾、每用爲末敷之效、

2.因自殺或偶然不慎、及小兒無知、而誤吞金器、不能消化之物、或質重沉滯、或尖利多角、致被梗阻胃底、穿破胃腸、有致生命之虞、急救法用韮菜長葉勿切斷、煮熟合麻油多多喫下、數小時或一日後、韮菜自能裹住異物而下、惟須靜臥爲要、考韮菜內頗多堅韌之植物纖維、不易消化、故確有相當效力、此不可不知之常識也、

韮子各省均有、惟以江蘇鎭江府爲多、十一月出新、爲扁平狀、黃黑色、九月間收子、須在有風處陰乾、入藥揀淨、蒸熟曝乾、簸去黑皮、炒黃用、惟氣穢難服、是其缺點、

[成分]含水八七・七、蛋白質二・七〇、灰分〇・

九脂肪油〇・二、炭水化合物七・四、纖維一・一〇、爲興奮性強壯藥、治陽痿遺精及小便頻數疝痛等症

[功能]補肝腎、煖腰膝、用治陰萎、遺精、帶濁、等症、

[效方]陽痿　性神經衰弱、多因手淫過度而起、其症陽痿、遺精、見色流精、交媾時生殖器不能勃起、異常不適、未覺快感而已洩精、毫無興趣、精神苦悶、無逾于是、每用韭菜子四五錢、煎湯日服二三次、連服數日、即顯偉效、或每日清晨空心吞一二十粒、鹽湯下、定見奇效

二　白菜解煤毒

[形狀]俗稱黃芽菜、爲越年生草本、其葉闊大柔軟、有缺刻或無之、色淡青白、白菜有二種、一種莖眞厚微青、一種莖扁薄而白、其葉皆淡青白色、燕趙遼陽揚州所種者、最肥大而厚、南方之菘、畦內過多、北方多入窖內、燕京圃人又以馬糞入窖壅培、不見風日、長出苗葉、皆嫩黃色、脆美無滓、是即黃芽菜、天津來者、質細且無粗筋、有重至十餘斤一顆者、南中亦不易得也、味酸可解煤毒、可搗汁灌之、

三　薺菜花療小兒痢疾

[形類]原野處處有之、爲菜類之一、莖高數寸至尺餘、下部葉叢生、而作羽狀分裂、上部葉作箭形、有大小數種、小薺葉花莖扁、味美、其最細小者名沙薺也、大薺科葉皆大、而味不及、實爲裂果、扁平三角形、中有細子、其嫩莖葉有種香氣、可供菜茹、春夏開花、花小白色、作總狀花序、

[功用]花能療小兒久痢、陰乾研末、棗湯送下、其效甚捷、

四　馬蘭止血敷丹毒

[形狀]又名[illegible]藍、爲多年生草本、長二三寸、葉長而作卵形、尖粗糙、其嫩苗可作菜茹、亦堪煮熟曝乾、不時取食、殤症宜之

[功能]破宿血、養新血、止鼻衄、吐血、斷血痢、解菌毒、

搗敷癰腫大頭瘟丹毒腿上流火、清涼化火、退腫解毒、其效頗著、

[效方]1.馬蘭治血、與澤蘭同功、近人用治痔漏甚效、春夏取生、秋冬取乾者、不用鹽醋、白水煮食、並飲其汁、或以酒煮焙研爲丸、米飲日日服下、更用煎水入鹽少許、日日熏洗自效、

2.馬蘭膏、新生小兒月內月外、兩足紅赤、遊風流火、如足至少腹、手至胸膛、多致不救、急用此方治之、百不失一、並治大人兩腿赤腫流火、或濕熱伏于經絡、皮面上不紅不腫、其疼異常、用馬蘭不拘多少、冬季無葉取根亦可、水洗去泥、搗爛絞汁、以雞毛蘸汁搽之、燥則再換、或剝去不時敷之、

3.吐血、用馬蘭根四兩、白茅根去心四兩、湘蓮四兩、紅棗四兩、先將馬蘭頭、白茅根兩味洗淨、同入鍋內、濃煎二三次、濾去渣、再入紅棗湘蓮、入罐文火燉令、患者隨時取食、食完爲度、所患自斷根不發矣、蓋馬蘭茅根能止血、而與蓮補血也、

五　陳芥菜滷肺癰神藥

芥菜、辛甘而溫、根味尤美、補元陽、利肺豁痰、醃食更勝、開胃性平、以冬收細葉無毛、青翠而嫩者良、一名雪裏紅、每百斤以鹽五斤、壓實醃之、一月後入甕密封、久食不壞、生熟皆宜、可爲常饌、

[宜忌]辛熱而散、故能通肺豁痰、利膈開胃、久食則積溫成熱、辛散太甚、昏人眼目、發人瘡痔、凡瘍症者尤絕對禁食、

[效方]陳芥菜滷、乃鹹芥菜中之滷汁、陳久如泉水者、法以芥滷貯甕中、埋行人處、三五年取用、寺院恆有製就、備人方便者、其性鹹冷無毒、治肺癰喘咳、緩緩呷之、能清熱下痰、定嗽、

[產地及形狀]白芥子產中國張家口及綏鎮等處、立秋前後收成、乃菜類芥屬、一年生草本、高達三尺、其果角色赤、有光澤、子大如粟米、而色黃白、

[功能]性辛溫、利氣豁痰、通經絡、蠲腫痛、專能祛痰、又可爲理氣鎮痛劑、

[宜忌]白芥子、味極辛、氣温、能搜剔內外痰結及胸膈寒痰冷涎壅塞者殊效、然肺經有熱陰火虛炎無風寒而咳嗽生痰者勿用

[效方]白芥子辛能入肺、温能發散、故有利氣豁痰、温中開胃散痛消腫之力、凡老人痰氣喘嗽不可妄投燥利之藥、反耗眞氣、用三子養親湯隨試隨效、白芥子色白主痰、下氣寬中、紫蘇子色紫主氣、定喘止嗽、萊菔子白種者主食、開痞降氣、各微炒研破、每劑不可過三四錢、用生絹袋盛入煮湯飲之、勿煎太過、則味苦辣、略煎即好、

黑芥子乃芥菜之種子、作球圓形、大一・五密米、帶黃褐色、

[成分]除脂肪油外、含有密倫酸加里、密洛辛兩者起醱酵作用、而化生芥子油、其油爲無色或淡黃色液體、日久變黃褐色、氣味辛辣劇烈、沾皮膚易發炎起泡、愼之、

[功能]治肺塞咳嗽、消癰腫瘀血、專作引赤發泡藥、芥末乃黑白二種芥子研末而成、尋常食用者、和以麵粉、欝金花椒、乾薑等物、其味方能適口、藥品則宜用淨末、功能引炎、以雞蛋淸調之、敷皮膚、俟發紅熱而起水泡、即宜取去、否則激痛異常、治肺炎、宜敷心口、肚痛、心痛、風濕骨痛、外敷患部、喉痛則敷喉下、頭痛傷風、則敷脚心、或調水浸足、引血下行、減輕上部充血、

六　莧菜梗敷走馬牙疳

[形狀]爲菜類、一年生草本、高三四尺、葉互生、卵圓形、葉柄長、春夏間採其嫩莖與葉、可供食、莧分六種、赤莧、白莧、人莧、紫莧、五色莧、馬莧是也、又有細莧、即野莧也、柔莖細葉、味比家莧爲勝、總以肥而柔嫩者良、

[宜忌]莧菜甘涼、補氣淸熱、明目滑胎、利大小腸、痧脹滑泄者忌之、尤忌與鼈同食、赤莧微寒、主血痢、紫莧不寒、比諸莧無毒、故主氣痢、紅莧入血分、善走、故與馬莧同服、能下胎、煮食令人易產、

[效方]走馬牙疳、取七八月將結子之莧菜梗、去葉

連梗、放屋瓦上、經過霜雪、至次年清明前取下、火煅爲炭、放泥地上少許時、研末存貯、用麻油調敷患處、雖至牙齦腐爛、齒已脫落、亦可治愈、兼治牙縫出血此症極危險、如出血三四日、則口腫牙根蠹爛、血兼口涎隨口流淌、用此藥敷之、即止、直能起死回生、豆類多含蛋白質及脂肪、故爲極好食物、但其中多含纖維素、難於消化、不無缺點、若調理得宜、則爲優良之營養品、

七　黃豆之功用

一、豆腐、乃用黃豆磨漿、加入石膏、或鹽滷製成、食之易消化、而有滋養力、其成分大略如下、水八七・九%、蛋白質六・五五%、脂肪二・九五%、纖維素一・○七%、灰分○・六四%、因其中含蛋白質甚多、故富於營養也、用作家常食品、舍此莫屬、

〔效用〕1.豆腐渣可治多年臁瘡、爛腳久腐、發臭起沿、用生豆腐渣捏成餅、如瘡大小、先用清茶洗淨、絹帛拭乾、然後貼上、以帛纏之、一日一換、其瘡漸小、肉亦漸平、此親試有效之方也、

又可敷腳蛀、腳上皮蛀生小孔、而皮濕爛者、連貼三日有奇效

2.黃水瘡此瘡原因、不外溼熱毒汁、液所及、蔓延滋盛、雖不危害、殊屬憎厭、且易傳染、用下方即效、以生豆腐切片、貼患處、乾則易之、七次之後、以煅石膏細末撒其上、三日後、僅撒石膏末、與汁液凝結成片、剝去再易新者、四五日即愈矣、

〔禁忌〕豆腐性能釀膿、疔瘡外瘍者勿食、

二、腐乳、乃以腐胚經酵菌作用製成、其中蛋白質甚多、且含消化素、可助消化、

三、醬油、亦用大豆製成、其中營養分較少、但其味美、可以補助消化、取陳久者、可敷湯火傷、多食發嗽、作渴、病黃疸者忌食、

四、醬、亦由大豆製成、其成分爲蛋白一○%、含水炭素一九%、亦可資營養、惟患外瘍者忌食、恐結疤痕也、

八　豆油治胃潰瘍

胃潰瘍一病、初起大都隱而不顯、或以為尋常之胃氣、經過不久、忽然發生吐血、其症消化不良、發間歇性攣痛、且在飯後半小時至一小時、噁心嘔吐等、可每晨投與豆油、但勿一切即投與大量之油、免惹起消化障礙、及敗胃之弊、可分次少量持久服之、可依下法服用、于清晨空腹時、先以薄荷水漱口、取油一食匙、加數滴檸檬汁飲之、吞下自無困難、再以薄荷水漱口、逐漸增至五六匙可也、食後雖無顯著效果、但足與痛者以安靜及止痛使其從容自愈、按豆油為黃豆榨出者、有被護瘡面、中和胃酸、消炎鎮痛作用、其一部分更經腸管吸收、經肝臟至胆囊、復能使胆液旺盛、冲洗胆管細菌、即十二指腸潰瘍、亦能治療、

九　綠豆清熱解毒

[形態]莖高尺餘、莖葉花莢、俱如赤小豆、實較小而綠、自夏徂冬、結實不絕、粒粗而色鮮者為官綠、皮薄而粉多、粒小而色深者、為油綠、皮厚而粉少、早種者為摘綠、可頻摘也、遲種謂之拔綠、一拔而已、而煮粥飯、磨粉作糕、蕩皮、搓索、浸澄生芽、又為菜中佳品、

[功能]消積熱、解百毒、犯外症癰疽瘡毒之人、食之甚良、

[效方]凡患疔瘡、其毒內陷走黃、漸發嘔吐、可用眞綠豆粉一兩、乳香半兩、同研和勻、以生甘草濃煎湯、調服一二錢、時時呷之可解、蓋綠豆能壓熱下氣、消腫解毒、其功甚偉也、

2.天行痘瘡、預服之縱出亦少、用綠豆赤小豆黑大豆、各一升、甘草節二兩、煮熟任意食豆、飲汁七日乃止、

著者按、綠豆甘涼、煮食清胆養胃、解暑止渴、潤皮膚、消浮腫、利小便、止瀉痢、解酒弭疫、生研絞汁服、解百毒、磨粉則能護心、使毒不入、煮汁則止消渴、築枕夜臥、則能明目、疎風、皮又涼于綠豆、退翳明目如神、粉撲痘瘡亦妙、

十　刀豆止呃神效

[形狀]形狀如莢、故名、屬荳科、田園內皆可種植、爲一年生蔓草本、長至一二丈、花後結長大扁平莢、作鈍狀、大者長尺餘、闊至二寸、莢內藏淡紅色、或白色種子、稍帶橢圓形、長八九分、如拇指大、成熟者作淡紅色有光澤、又有一種白者、相同、

[功能]刀豆子功能溫中下氣、止呃逆不止、有人病後呃逆不止、聲聞隣家、令以取刀豆子、燒存性、白湯調服一錢、即止、

康按、刀豆性甘平、溫中止呃、勝于柿蒂、食譜云、刀豆嫩美、可醬以爲蔬、蜜以爲果、子老入藥、甘平之氣、溫中止噦、吳儀洛亦稱刀豆甘溫、溫中下氣、利腸胃益腎規元、止呃逆、故醫稱其呃逆之效、於此可證、

十一　白扁豆治瀉痢帶下

[種別]產江蘇鎮江、名南扁豆、以陵湖爲上、江北次之、均大粒身圓、另有一種、由暹邏等處運來者、名洋扁豆、細粒身扁皮黃、

[形狀]爲一年生草蔓延甚長、纏繞他物、開白色帶紫色之花、莢果如扁平鐮狀、長二寸、闊五六分、花白者、豆亦白、性微溫、花紫豆色黑褐、名鵲豆、性涼、

[功能]和中下氣、補脾胃、止瀉痢、消暑化溼、治赤白帶濁、

[效方]1. 花治女子赤白帶、爲乾末米飲服之、一切泄痢、取白扁豆花正開者、擇淨勿洗、以滾湯瀹過、和小猪脊脂肉一條、葱一根、胡椒七粒、醬汁拌勻、就以豆花汁和麵包作小餛飩、炙熟食之、

2. 婦人血崩不止、取白扁豆花焙乾、爲末、每服二錢、空心炒末煮飲、入鹽少許、調下即效、取性澀歛之故也、

3. 治臌脹、白扁豆、紅棗冰糖不拘多少、同煮、以供病者代飯、食後數時、能使大小便都通、肚腹頓減、食至全愈後爲止、愈後宜食淡飯半月、若不吃淡飯須食極淡蔬菜、切忌葷辛魚肉、是方屢試屢驗、

康按、扁豆氣香、溫平無毒、通利三焦、升清降濁、故專

治中宮之病、和中下氣、消暑、清濕、解毒、主治霍亂吐瀉不止、嘔逆、女子帶下、皆有紫白二色、豆有黑白二種、入藥惟紫花白豆者良

十二　蠶豆花止吐血

[形狀]爲穀類、方莖中孔、高二三尺、春夏葉腋着花、作蝶形、或白或紫、雜以黑斑紋、實爲莢果、開于下面、其子粒大于黄豆而扁、成橢圓、鮮者煑食甚美、老則曝以爲豆、堪耐久藏、

[效方]1.吐血不止、採新鮮蠶豆花、搗汁飲之、神效、亦治小兒暑天熱毒、鮮蠶豆子、性亦濇斂、能止便血、又補心血、不妨多食也、

2.淋病、將新蠶豆莢摘下、其豆爲食品外、可以其外殼以線貫之、掛通風處吹乾、愈陳愈好、不論何種淋症、用時取以燒灰、輕者一錢、重者二錢、開水冲服、每早晚各一次、數日即愈、

3.脚氣、將蠶豆數斤、浸水中、候發時、與通草七八張、同煑酥、後餓時淡食下、渴時豆湯代茶、不可入糖、同日並不可食他物、服二三天即效、

4.黄水瘡、夏秋之間、小兒常患黄水瘡、纏綿累月、最惹人厭、用蠶豆衣（乃蠶豆之內衣、非莢殼也）炙灰、研爲細末、用麻油調敷患處、須在豆嫩時、預先收集、以不落水者爲佳、若老蠶豆、即失功效、收濕化毒、日見乾燥、痂脫即痊、

著者按、蠶豆甘平、嫩時剝爲蔬饌、味甚鮮美、老則煑食、可以代糧、炒食可以爲肴、性主健脾快胃、補血濇腸、浸以發芽、更不壅滯、亦可煑糜作糕、老蠶豆又可煑酥作餡、和糖甚美、

十三　赤小豆消水腫脚氣

[形狀]赤小豆、又名杜赤豆、或野赤豆、俗名紅尺豆、乃一年生草本、莖高二尺餘、實爲細長莢果、中藏紅色種子、即赤小豆也、

[成分]含窒素物一八·五五、無窒素物五七·七、脂肪〇·八九、木纖維八·八〇、水分一三·一〇、灰分二·九四、

[功能]淸濕熱、排膿毒、用作利尿藥及腫瘍藥、下水腫、利小便、治水臌、脚氣、其效甚著、

[效方]1.脚氣用赤小豆與鯉魚煮食、或袋盛此豆踏足、塗癰疽腫毒、赤小豆爲末、鷄子淸調塗、功能束腫退毒、消散甚速、

之、2.通乳、産後乳脈不行、服藥難效、用赤小豆煮汁飲

3.産後兒枕痛、分娩後胎盤脫離子宮壁而起之創傷出血、是爲惡露、此必有之惡露、因子宮壁收縮弛緩、難以排出、而停留于子宮腔內、則覺小腹攻痛、按之有塊、如兒頭、俗名兒枕痛、祖傳丹方用赤小豆一升、鍋內炒焦、水煎一碗、調入赤沙糖、加赤沙糖者、不過爲調味及增加營養、緩和疼痛而已、日服二三次、越日便下瘀血、如豚肝者數塊、腹痛頓瘥、

康按、赤小豆甘酸、色赤、其性下行、入陰通小腸、而利有形之病、故與桑白皮同爲利水除濕之品、是以水氣內停、而見溺閉腹脹、癰腫瘡疽、非此莫治、且能解酒下乳、食譜云、赤豆甘平、補心脾、行水消毒、化毒排膿、以緊小而赤黯色者入藥、稍大而鮮紅淡紅色者止可食用、當細別之、

[辨性]粒小細長如腰子、紫紅色、腰間有白紋、如鳳眼、名杜赤豆、入藥能利小便、泄血分之濕熱、爲最道地、又一種色紅赤、粒大圓形、比黃豆略小、名紅飯豆、各處皆有、僅供食用、更有一種海紅豆子、大而扁、出海南、又有半紅半黑、名相思子、均不可誤用、

十四 枸杞明頭目

[形狀]枸杞葉、軟薄可食、俗呼甜菜、又稱枸杞頭、春夏之時、野外頗多、藉供菜茹、六七月開花、遂結紅實、爲類似花椒之紅色圓形或橢圓形漿果、中有無數種子、味稍甘、是謂甘杞子、

[功能]補肝腎、療虛羸、明耳目、用作強壯藥、

枸杞子陝西潼關長城邊出者、肉厚糯軟、紫紅色、顆粒粗長、味甘者爲佳、甯夏產者、顆大色紅有蒂、略次、甘肅出者、較細紅圓粘、味亦甘、過霜即爛、難久藏、略次、他如閩浙各地產者、均爲土杞子、核小味甘淡、兼

芋、肉薄性微涼、不入藥用、

康按功能滋腎潤肝、寒泄脾胃、土燥便堅者宜之、水寒土溼、腸滑便利者服之、必生泄瀉、

第五章　瓜芋

一　西瓜灰醫水臟病

[形態]西瓜爲一年蔓生草本、有卷鬚、爲漿果、形球、圓頗巨大、外皮切作白色、熟則有光澤、色亦轉綠、內部之瓤、或白、或黃、或紅、漿液極多、味甘美、足以止渴解暑、種子或黑或白、作扁平卵圓形、末端略尖、西瓜以馬鈴種最良、皮薄肉甘、脆鬆而甘、

[成分]水分九四・七六、糖分四・七七、纖維〇・一、灰分〇・二、脂肪殊微、

[功效]甘味性冷、消暑止渴、利小便、爲利尿藥、西瓜皮名西瓜翠衣、清熱解暑、治暑天熱毒、宜剖去其白用之、

[效方]水臟驗方、西瓜灰、用極大黑皮西瓜、于蒂部切去一蓋、如五寸碟大、挖去瓜雜、留皮約四公厚、每一瓜內、加大蒜頭去梗去皮、切片十二兩、陽春砂仁去殼打碎四兩、仍將切下之蓋、用竹扦扦上、外塗酒罈泥、約寸許厚、再敷礱糠、用木柴黃炭、炙存性、研極細末、好瓶密藏、勿令洩氣、每服一錢、清晨或臨睡時開水送下、輕者五六服、重者十餘服可愈、切忌葷腥鹽々麵食、並須永不食西瓜、食之復發、則不可救治、切須加意、勿蹈覆轍、

考水腫、西醫稱腹水、俗名水臟、有由腎臟病而排尿障碍致病者、有因心臟疾患而循環障碍、血鬱致病者、前者爲腎臟性、後者爲心臟性、其症遍身浮腫、腹大如甕、多顯小便不利、或喘息、腹部靜脈暴露、西瓜有顯著之利尿功效、有謂由其糖分作用、或謂因其含有少量鹽類、於腎臟炎有特殊功效、又大蒜爲百合科植物之球根、味辛辣刺戟、有葷臭、內含揮發性含硫油及酷厲性大蒜油、能利尿殺蟲、內服後其氣竄透、迅達全身、有排泄發汗稀釋疏動之功、用于水腫、能逐停水留飲、且具有興奮強心之力、無論其爲

心臟性或腎臟性、均有良效、

2. 西瓜霜治咽·疫白喉喉蛾喉癬喉瘠等症、法取頭籐西瓜用稻草墊好放乾燥處、至立冬切去蓋挖去內瓤、留皮二分厚入淨牙硝裝滿、用原蓋蓋好以線絡之、懸于背陰當風檐下、以新磁盌接滴下之水凝結成冰、瓜外飛出白霜、磁瓶收貯備用、

3. 痰飲咳嗽、喉中痰聲漉漉、略一勞動、即發氣急不舒、用生西瓜子仁三錢、白冰糖一錢、搗爛開水冲服、如杏酪湯、連飲日餘、即治此方簡而易辦、功效確實、幸勿忽之、

4. 瓜子殼止血、無論吐血腸紅、用瓜子殼一茶盅煎湯一碗、吃下立止、神效不可思議、廢物療病、惠而不費也、

著者按、今人偶值三伏天燥、不論男婦大小、朝夕恣食、誠以燥渴之極、得此甘味、能引心胞之熱、下入小腸膀胱而出、心胸頓冷煩渴亦消、有天生白虎之譽、此即稟氣素厚者宜之、若脾胃素虛、朝夕恣食、或瀉或痢、大非所宜、食譜云、西瓜甘寒、清肺胃、解暑熱、除煩止渴、醒酒涼營、療喉痺口瘡、治火毒時症、並可絞汁飲之、如湯沃雪、以極甜而作梨花香爲勝、多食積寒助濕、每患秋病中寒多濕、大便滑泄、病後產後均忌之、

二　黃瓜霜療喉症

[形狀] 爲菜類之一、爲細長瓠果、有刺甚多、瓜大二三寸長近尺、嫩時青色、老則色黃、供食用、嫩而爽脆適口、

[功效] 善解火毒、北方人坐臥坑床、用此或爲珍品、南人以之供蔬、可消暑熱、生食者不可多用醋、恐傷齒也、

[效方] 風化霜治咽喉腫痛、將嫩黃瓜一條、挖去瓤、以銀硝研細納入、掛于簷下透風處、三日後、瓜皮上自有白霜釣出、拭下以磁瓶收貯、待用、凡患喉瘡喉蛾喉風實症、吹之清涼、定痛良效、

三　冬瓜消水腫

[形態]冬瓜爲菜類之一年蔓生草本、爲漿果、長數寸至數尺、外皮有毛密生、成熟後外皮分泌白色之霜、皮青而肉白、

[功效]祛濕、瀉熱、消腫、有利尿之效、主治小腹水脹、利小便止渴、

[效方]1. 治水氣浮腫喘滿、用大冬瓜一枚、切蓋去瓤、以赤小豆塡滿、蓋合扦定、以紙筋泥固塗日乾、用糯糠兩大籮、入瓜在內、煨至火盡、取出切片、同豆焙乾、爲末、水糊丸梧子大、每服七十丸、冬瓜汁過下、小便利爲度、按冬瓜赤豆均長於利水也、

2. 治消渴骨蒸、大冬瓜一枚、去瓤入黃連末塡滿、安甕內、待瓜消盡、爲丸、梧子大、每服三四十丸、煎冬瓜湯下、神效異常。

3. 冬瓜滷、治老年咳嗽、虛熱等症、取冬瓜子籐、務須冬天老者、俟瓜熟採完後、將籐離地丈餘處折斷、使之倒掛、斷處自有水流出、用物盛之、其露甚多、可取其露生飲、或加紅棗冰糖煎服、性清而潤肺、有如甘露也、

4. 痔瘡、搽經霜冬瓜、同皮硝煎湯洗之、極效、如無冬瓜、可以白萊菔代之、

康按、冬瓜內稟寒土之氣、外受霜露之侵、故其味甘、氣微寒而性冷利、故能利小便、除水腫腹脹也、甘寒解胃中之熱、故又能止渴也、夏令用以爲蔬、可葷可蔬、益脾易消、誠良品也、

冬瓜子、乃冬瓜經霜、遂生白衣、子色亦白、功能清熱利濕、治咳嗽、冬瓜子仁、氣味甘平、治心經蘊熱、小水淋痛、又療腸癰、主腹內結聚、破潰膿血、凡腸胃內壅、最爲要藥、

四　南瓜子殺縧虫

[形狀]種出南番、故名、原屬暖地產物、栽植園圃之一年生蔓草、有卷鬚纏繞他物而生長、花後結巨大漿果、多爲扁圓球形、表面有疣瘤、初呈綠色、後變橙黃色、中藏多數扁橢圓形種子、深秋瓜熟時採之、置乾燥之處、可藏數月不壞、

[功能]和中益氣、有殺縧蟲之效、

[效方]1.絛蟲一名滑蟲寄生于人小腸中長至數尺自至丈餘者分許多節每節兼有雌雄生殖器其產卵由糞便排出幼蟲之宿主爲牛豬等畜類人食其肉則專居人之腸中其症狀但乾嘔腹瀉貧血腹飢喜食半生熟之豬牛肉者易患之可用南瓜子治之按南瓜子一物歐美均用爲除絛蟲之良藥取新鮮生者去殼搗爛每用八錢至一兩五錢和入白糖牛乳等作一次服之服後隔一小時再服蓖麻子油一杯以利大便排出其虫國人尙未悉其效大可一試

2.水火燙傷伏月收老南瓜去瓤連子裝瓶內愈久愈佳以此敷之定痛如神清涼退火解毒消腫其效甚捷

3.冷哮老南瓜一個挖去蓋用大麥糖二斤放瓜內候冬至日蒸一個時辰爲度早晨取二調羹以滾水冲服重者二料即愈

按食譜云南瓜早收者嫩可充饌甘溫耐飢同羊肉食則壅氣晚收則甘加補中益氣蒸食味同山芋既可代糧又可和粉作餅餌蜜漬充果實凡時病疳瘧疸痢脹滿脚氣痞悶產後痧痘瘡瘍均勿宜食常見病後食此反復而致死者不可不愼

五　絲瓜清涼解毒

[形狀]爲栽植園圃之一年生蔓草其卷鬚纏絡他物果實爲細長之瓜長可二尺餘迨成熟已久逐生強靭如網之纖維生時可供食老則爲絲瓜絡絲瓜可爲常蔬生苗引蔓可作棚架搾取其汁可染綠其瓜大寸許深綠色有皺點瓜頭如鼈首嫩時去皮可烹可爆老則大如杵筋絡纏扭如織成經霜乃枯祇可滌器內有隔子在隔中黑色而扁纍纍頗多

[功能]涼血解毒通經絡行血脈通乳水本草云絲瓜老者筋絡貫串房隔聯屬故能通人脈絡臟腑袪風解毒消腫治諸血病也

[效方]1.絲瓜葉搗汁凡一切外症腫痛敷之清涼退火消腫解毒

2.絲瓜藤治腦漏鼻中時流黃臭水名控腦痧有蟲

膈中也、用絲瓜藤近根三五尺、燒存性、每服一錢、溫酒下、以愈爲度、

六 百合補肺止吐血

[產地]百合、湖南湘潭、寶慶產者、名揀片、外合、最佳、一產湖北麻城名麻城合、硫磺薰、其味酸不適用、產川者名川合、亦可用、產江蘇者名蘇合、南京所產甚有名、大而肉糯、味甘不苦、均夏季出新、

[形性]爲多年生草本、高三四尺、其球莖有無數鱗片、大者長寸餘、闊半寸許、色白、下部微帶赤色、有纖維質、且含不少澱粉質、

[功能]潤肺止嗽、解熱鎮咳、治肺虛喉痺等症、平常煮食頗佳、

[驗方]肺病吐血、可用新百合搗汁飲之、或用白花百合心四兩、帶皮紅棗四兩、二味、晒乾研末、加硃砂爲丸、每次用開水吞服二錢、

著者按、百合甘淡微寒、利於肺心、而能斂氣養心、安神定魄、然究屬清邪除熱、利濕之品、因其氣味稍緩、於病之餘熱未楚、坐臥不安、咳嗽不已、胸浮氣脹、用此治之、甯神益、安養撫卹、頗宜食、譜云、百合甘平、潤肺補胃、清心安魂、息驚澤膚、通乳祛風、滌熱化濕、散癰、止虛嗽、利二便、以肥大純白、味甘而作檀香氣者良、或蒸或煮而淡食之、並補虛羸、不僅充饑也、入藥以山中野生、彌小而味甘者勝、風寒痰嗽者勿服、

七 山藥糖尿病良藥

[產地]山藥產河南、淮慶府、沁陽、武陟、溫、孟四縣、溫縣最多、冬季出新、山西、湖西、湖南、均產、山野自生、

[形性]山藥根皮色灰褐、內色白、多肉、處處有細毛、根及小疣、肥脆易折、長三四尺、粗約一二寸、栽于園圃者、名家山藥、入藥常用野生者、冬日入山中、見有枯樹幹、乃可搜得其根而採掘之、乾後去外皮、質重色白者爲上、

[成分]水分八〇・七四、蛋白質二・四脂肪〇・一六、炭水化物一五・〇九、纖維〇・九、灰分〇・六四、含有消化素、係一種卻斯他隋因、定名曰迪斯

可却斯他路、可使消化二倍分量之澱粉、其效力之倍大可知、宜用于糖尿病、亦因其消化澱粉之力也、

[功能]濇精止帶、理瀉治痢、又爲滋養強壯藥、可以入饌、

[效方]1. 上海天廚廠主吳蘊初、患糖尿病、有人勸服山藥、尿中糖分、逐減、未幾病卽霍然、按糖尿病、中醫稱消渴、其症口渴喜飲水、小便亦多、善饑而消瘦、舌紅乾發光、口涎甚少、皮膚乾而發癢、乃內胰腺分泌失職、而肝糖過剩而成、可以山藥治之甚效、

2. 久瀉用生山藥八錢、軋細過篩、和水調入鍋內、置爐上不住以箸攪之、兩三沸卽成粥、加熟鷄蛋黃二枚、白糖一匙、當點心食之、良效、此方滋養補益之力頗大、平時常服亦佳、

3. 項後結核、或赤腫硬痛、以生山藥一個、去皮搗爛貼之、

廉按、山藥本屬食物、古人用入湯劑、謂足補脾、益氣除濕、氣雖溫而却平、補脾肺之陰、是以能潤皮毛、長肌肉、但與麵同食、則不能益人、且其性濇、能治遺精不禁、味甘兼鹹、又能益腎強陰、然性雖陰而滯不甚、故又能滲濕、以止泄瀉、生搗敷癰瘡、消腫硬、若治危症、必多用之方愈、以其秉性和緩故耳、入滋陰藥中、宜生用、入補肺脾藥、宜炒黃用、淮產白色而堅者良、律產雖白不佳、食譜云、山藥甘平、煮食補脾腎、調二便、強筋骨、豐肌體、清虛熱、既可充糧、亦能入饌、不勞灌漑、廣種頗宜、

八　山芋可充飢

[形狀]又名番藷、爲菜類之多年生草本、莖細長、匍伏地上、春種者塊根大、秋種者小、皮色有紫有白、肉亦如之、大抵紅皮者心黃味甜、白皮者心亦白而味淡、其質理膩潤如脂、生食甘甜可口、

[功能]補虛乏、益氣血、健脾腎、強腎陰、家常煮食、堪以代飯、

九　慈姑消痰核乳癰

[形態]慈姑歲生十二子、如慈姑之乳諸子、故以名

之若寫作茨菇者誤也、植水田中、高三尺、青莖中空孔、葉呈橢狀、亦如燕尾、又似剪刀、其根黃、似芋子而扁、肉色白瑩、一如玉質、

[功能]常用煮食、消項間痰核、切之成片、入油爆之、病後宜食、

[驗方]乳癧神方、立冬日在田中、掘取茨菇一個、洗淨置腰中、八十一天、取出搽乳癧極效、但勿經婦人手、恐有礙藥力也、

十　芋艿消瘰癧

[形類]芋艿各處均產、以江蘇丹徒縣龍潭芋最著、名乃菜類多年生草本、高至四五尺、其根多肉、如塊狀、埋存於地下、外被絨狀毛、含有許多澱粉、多白色黏液、芋有水旱兩種、旱芋山地可種、水芋水田蒔之、皆相似、但旱芋味勝、莖亦可食、名芋艿[illegible]、

[宜忌]芋艿熟甘溫、利胎、補虛、滋垢、可葷可素、亦可充糧、功專消痰、消渴宜餐、脹滿勿食、生嚼治絞腸痧、搗塗癰瘍初起、丸服用治瘰癧、並有奇功、化痰之力、甚宏也、

[驗方]蹲鴟丸治瘰癧、有神效、凡男女大小、頸項頦下、耳之前後、結核纍塊、形若貝珠、癧串不已、不疼不痛、或破微痛、皮赤潰爛、久不收口、近者一料收功、遠者須服兩料、無不全愈、方用真香梗芋艿十斤、取去皮烘炒、切片、晒極燥、磨為末、以開水水法為丸、早晚每服三錢、甜酒送下、如不吃酒者、米湯送下、或吃燥片、酒過亦可、一說宜用寧波青芋、但考之本草、青芋有毒、恐非所宜也、按芋艿原屬食品、常用煮食尤宜、

第六章　米麥

一　粳米健脾開胃

[形狀]粳稻栽于田中、一年生草本、莖高三四尺、直而中空、實為穎果、有早中晚三收、收後礱穀揚糠、其米供食、南人視為常品、粳稻六七月收者為早稻、止可充食、八九月收者為遲粳、十月收者為晚粳、北方氣寒、粳性多涼、八九月收者即可入藥、南方氣熱、粳

性多濕惟十月晚稻氣涼乃可入藥遲粳晚粳得金氣多、故色白者入肺而解熱也早粳得土氣多、故赤者益脾而白者益胃又新者熱而陳者涼也、

又有一種香粳米自然有香亦名香珠米煮粥時微加入少許、香美異常、尤能醒胃病後胃口不開、用此芳香開胃甚妙、

[辨別]米之良者、白色而透明、有光澤而白色部分少者質堅、形狀規正、米粒大小均一而豐肥、黏性強而香味佳者、

[成分]表面多蛋白、然木纖維多而不易消化、內部多澱粉而少蛋白與木纖維、蛋白脂肪則頗少、其外皮則糠富有維他命、

米飯之成分可分析之如下、水分約六四%、蛋白三・一%、脂肪○・五%、澱粉類三二%、木纖維○・二三%、灰分○・二七%、穀類食品、不如動物性食品之易生毒素、故無中毒之虞、此其優點、

[功能]補肺脾、益腸胃、滋養強壯、益氣止煩、和五臟、清熱利小便、

[驗方]1.妊娠惡阻乃婦人懷孕二三月後嘔吐惡食、用淘淨粳米、和薑汁少許、炒微黃、每日清晨未起床之前、嚼下二三十粒、其吐即避、按婦人惡阻、又稱病膩、藥物難效、此方平和可用、

2.焦鍋巴可治泄瀉、所謂焦鍋巴者、乃人家煮飯鍋內底焦也、尤以僧寺中米多焦厚者最良、味苦甘性平、香燥開胃、功能運脾消食、止泄瀉、小兒常食尤宜、健脾進食、凡患食積不化、脾胃不能消化、傳運失職、致泄瀉完穀、法用鍋焦為末四兩、蓮肉去心淨末四兩、白糖四兩、共和勻每服一二匙、開水送下、方簡而易服、亦從治之義也、

二　粥能益人

每日起食粥一大碗、於空腹胃虛、清晨微曦之時、穀氣便足、所補不細、最能益人、又極柔膩、與腸胃相得、最為妙訣、若不食粥、則終日覺臟腑燥涸、一若空空洞洞、空無所得、蓋粥能暢胃氣生津液也、大抵養生妙法、欲求長壽、無深玄奧妙之學術、須于寢食之

間、愼之可耳、昔賢蘇軾、一代名人、嘗夜飢、有人勸食白粥、眞能推陳出新、利膈益胃、精神培添、無以喩此、粥既快美、食後一覺、妙不可言、此皆粥之有益、今略述可常食者錄之如下、任以他品功效各異、不妨隨人所宜選製可也、

一、赤小豆粥、功能利小便、消水腫脚氣、凡一切濕重之人服之、

二、綠豆粥、功能淸暑邪、解熱毒、暑令瘡癤遍生之人最宜之、

三、苡米粥、除濕熱、補肺脾、凡患肺痿、泄痢風濕之人尤宜、

四、蓮心粥、能健脾胃、補心腎、凡勞心之人、以心補心、最宜啜之、

五、芡實粥、功能補腎澀精、補中利濕、一切夢遺精滑之人可食

六、栗子粥、功能健腿足、益氣力、久服祛弱轉強、力大如牛、

七、百合粥、最補肺臟、凡患虛勞吐血、咯血咳嗽、更宜常進、

八、菜粥、雖貧乏之家、亦堪備食、能調中下氣、菜富于維他命也、

九、羊肉粥、北人常食、補羸之力綦大、凡勞損之輩、頗宜、惟陰虛火盛之人、不食爲宜、因羊肉性熱、易致鼻衄也、切須愼之、

十、神仙粥、專治感冒風寒、暑溼頭痛、並四時疫氣流行等症、初得病三日、服之卽解、法用糯米半合、河水兩碗、生姜五六片、於砂鍋內煮一二沸、次入帶鬚大葱約六七個、煮至米熟、再加米醋小半盃、入內和勻、乘熱呷粥、或但飲湯、卽于無風處睡、以出汗爲度、按此方以糯米補養爲君、卽補而行之之義、葱頭本爲發表妙藥、薑辛能散鬱、祛寒辟邪、又以酸醋斂之、屢用屢驗、俗所謂大發散也、決非尋常發表之劑可比也、

十一、粥油、亦稱米油、乃粥鍋內煎起浮沫、米之精華萃在于此、西說所謂維他命也、滑如膏油、味甘辛平、能實毛竅而肥益人、但須大鍋能煮五升米以上者

最良否則氣少力薄不堪用瘦弱之人食過百日卽見肥健其滋陰之力勝于熟地祇每日撇出一碗淡啜最佳惠而不費隨處可得洵妙劑也

三　陳廩米病後補益妙品

[形性]陳廩米卽將粳米入倉陳赤者北人多用粟陳之其用亦同南人多用粳及秈並水浸蒸晒爲之亦有火燒過治成者其性多涼但炒食則溫久病人虛者宜之以其易消之故

今人製陳米法多用蒲包縣掛透風樑間屋隅任其牲蠹經年累月愈陳愈佳臨用一撮煎湯但服其湯病人初痊虛弱不堪欲得穀氣以此最妙後漸以煮飯易消易化不致有礙脾胃也

[功能]下氣除煩煖脾胃補五臟寬中澀腸消食陳倉米煮汁不渾氣味俱盡故冲淡可以養胃古人多以煮汁煎藥亦取其調腸胃利小便祛溼熱之功也病愈胃氣未復必得冲淡甘平以爲調節則胃乃通陳米津液既枯氣味亦美服之正能養胃除熱祛煩也

[效方]噤口痢之症來勢頗凶先見泄瀉後卽便痢嘔吐不食下痢每日百什次頭痛寒熱每陷衰弱而死若見呃忒尤爲險款蓋痢而能食尙屬可治痢而嘔噁不食胃氣一虛最難着手可用陳廩米一撮煎湯代茶補益胃陰俟胃納一復方堪圖治

四　糠粃可療腳氣

[成分]糠乃米之外皮人多用以餵豬不知其中含有極多營養素大可爲吾人利用也富華之家競以米白爲求庸知此種白米食之易生腳氣之症蓋米之胚芽及糠均含乙種維他命此素原可預防腳氣米一經精製此等活力素均消失殆盡故吾人食料以半搗米爲最佳

[效方]1.腳氣症兩足腫脹痲木行路艱難足痿無力故又稱軟腳病甚或晨起面部亦腫手指尖亦痲木最怕衝心胸悶異常氣喘不甯心跳不停呃逆嘔吐口渴異常往往致死速用米糠治之惟須擇人力

舂出者、若機器碾出、或和粉質、均不可用、磨研極細、炒香不焦、磁瓶收藏、若貯紙盒內、則走油無用、食時和以少許白糖、用開水冲服、或燥吃、如炒米粉、日服三次、每星期約食半磅、按脚氣症、乃飲食中缺乏抵抗神經炎症之物質、此物質即世稱之乙種維他命、蓋近世務求食料之精美、而可貴之麸糠反棄如敝屣之故、東南卑溼之地、如廣東上海、此疾最流行、西北高燥之地、殊罕見、米糠中除富有此種成分、此外尚有多量有機性鐵質、及燐酸鹽、皆屬治脚氣之有效成分、並能滋補、

2.膈氣、噎塞、飲食不下、用杵頭細糠、蜜丸彈子大、時時含嚥、按膈症食不能入胃、中空虛、營養料缺乏、用糠者亦借其富有營養成分之故、與牛乳之意相仿、

3.鵝掌瘋、生手掌上、紫白斑點、疊起白皮、堅硬乾燥、甚則重重脫皮、血肉外露、或癢或痛、久則成癬、難愈、法用大碗一只、皮紙緊糊碗口、紙上用針刺多孔、洞上舖細米糠二三寸厚、手箝燒紅火炭、放糠上、緩緩燃之、待燃至離紙三分厚光景、將炭與糠一并棄去、不可將紙燒穿、取碗中糠油、時擦可斷根、

五　糯米粉止虛汗

[形狀]糯稻、栽于水田中、莖高三四尺、中空有節、實為穎果、其殼顆較黑、性亦較黏、米粒可食、用以煮粥、尤滋膩、粘潤益人、

[功能]甘溫、補脾益肺、堅大便、縮小便、收自汗、發痘瘡、滋養強壯、

[宜忌]糯米甘溫、補肺氣、充胃津、助痘漿、釀酒熬餳、造作餅餌、若煮粥食、不可頻餐、以性黏滯難化也、小兒病人、尤宜忌之、

[效方]1.自汗不止、糯米粉絹包頻頻撲之、或用糯米小麥麩同炒為末、每服三錢、米飲湯下、或取糯稻根鬚並服、尤效、

小兒初生無皮、亦可用糯米粉撲之、

2.泄瀉不止、飲食少進、用糯米一升、水浸一宿、瀝乾、慢火炒令極熱、磨細篩過如飛麵、更將山藥一兩研末入米粉內、每日清晨用半盞、再入砂糖一茶匙、胡

椒末少許、滚湯調食、按此方大有滋補之力、久服之
精寒不能成孕者、亦能受姙、
3. 癲犬咬傷、糯米一合、斑螯七枚、同炒、俟螯黃去之、
再入七只、再炒黃去之、又入七枚、待米出煙、去螯爲
末、油調傅之、小便利下卽效、

六　酒損多益少

[攷證]國策云、帝女儀狄造酒、進之于禹、說文云、少
康造酒、卽杜康也、然本草已著酒名、素問亦有酒漿、
則酒自黃帝始、非儀狄矣、

[利弊]酒爲嗜好品、少量飲之、能興奮精神、消悶暢
意、多食傷神損壽、但能節制者甚少、不知不覺而過
度矣、酒家多犯腸胃炎、肝臟心臟病、中風、蓋酒精能
害及內臟、使血管硬化、至老年時發生種種疾病、不
可救藥、又飲酒家多患神經病、其所生子女、多白癡
及薄弱、其害不特個人、更害及子孫矣、

酒以高粱燒酒及白蘭地爲害最烈、因其含有多量
酒精也、

人多飲酒謂能禦寒、殊不知其害之大、反在不飲酒
之上、因酒精被胃收吸、生溫不過一時、興奮、皮膚血
管因此擴大、及酒氣退後、血管不能及時收縮、體溫
反易放散、發生惡寒、俗謂酒寒是也、故嗜酒成癖者、
宜漸戒之、酒之不良者、更有木精攙入、其害更不可
勝言、甚則傷肺咯血、不可不審、

大寒凝海、惟酒不冰、明其性熱、獨冠羣物、藥家多用
以行其勢、飲多則體疲神昏、嘔吐、是其有毒害也、昔
三人冒霧晨行、一人飲酒、一人飽食、一人空腹、空腹
者死、飲食者病、飲酒者健、此酒勢辟惡勝于他物之
證也、人多于寒冷時服之、謂能祛寒氣、手足轉溫、酒
能行藥勢、常用爲藥引、可以通行一身之表、至極高
之分、味淡者利小便、

人知戒早飲、而不知夜飲、其害更甚、既醉且飽、睡而
就枕、擁被而臥、傷心傷脈、夜氣收斂、酒反以發之、亂
其清明、勞其脾胃、停濕生瘡、動火縱慾、因而致病者
多矣、朱子以醉爲節、良有以也、又云酒過飲腐腸爛
胃、潰髓蒸筋、傷神損壽、少飲則和血行氣、壯神禦寒、

消愁遣興、痛飲則傷神耗血、損胃之精、生痰動火、沉湎于酒、度醉以為常、輕則致疾敗行、甚則喪邦亡家而隕其身、其害可勝言哉、經云膏粱之變、足生大丁、患疔瘡者、更宜嚴禁、犯則肇走黃之變、以致喪生、可不懼乎、

酒醉不醒、暴吐狂亂、可以葛花枳椇子、煎湯解之、

茲將酒之種類、及主治各症、約略述之、以備參考、

1.陳酒乃以糯米煎熟、和麴盒置缸中、俟其醱酵時時攪之、數月後濾出、煮過入甕泥封密藏、愈陳愈佳、清香適口、其性　和、出紹興者最著名、曰紹酒、酒中常加入陳皮或橘皮核實、功能活血舒筋、怯寒振神、約含酒精百分之十至二十、

2.葡萄酒、係將新鮮葡萄榨汁、使之醱酵而成、白葡萄酒乃將葡萄汁醱酵製成、紅葡萄酒則更加色素、含酒精百分之一、

3.白蘭地、乃以含糖物質使之醱酵、然後蒸溜製成、亦以陳久者良、其酒精含量最多、占百分之四十至五十、故不可多飲、

4.五加皮酒、治一切風濕痿痺、壯筋強骨、用五茄皮洗刮去骨、煎汁和麴米釀酒飲之、或切碎袋盛浸酒煮飲、

5.竹葉青、色青綠澄明可愛、乃用淡竹葉煎汁如常釀製成、功能治風熱諸病、清心暢意、上焦有病者宜之、

6.蠶沙酒、用原蠶沙炒黃、袋盛浸酒、治風寒頑痺、骨節疼痛、

7.白花蛇酒、或金錢蘄蛇酒、用白花蛇或金錢蘄蛇袋盛、同麴置缸底、糯飯蓋之、三七日取用、治諸風頑痺癱瘓攣急、疼痛惡瘡疥癩、久服自效、

8.虎骨木瓜酒、治歷節風淫、臂脛疼痛、法用虎脛骨一具、炙黃槌碎、同麴米如常釀製成、更加木瓜浸之即成、

9.酒釀露、乃以糯米蒸熟、和酒藥盦製、而成其露甘美異常、功能行血氣、發痘漿、若痘瘡不起、用荸薺搗汁和酒釀滷、頓湯服之、但不可太熱、太熱反不妙也、

七 燒酒祛寒止腹痛

[製成]燒酒係用糯米或粳米黍秫或大麥粞等蒸熟和麴釀甕中七日以甑蒸令氣上用器承取滴下之露即爲酒矣以面有細花者眞近人多攙火酒飲之傷身喪心害人

[宜忌]酒味濃烈辛甘大熱消冷積寒氣燥濕痰開鬱氣少食爲宜能治水泄心腹冷痛過飲腐胃傷胆戕心損壽

[效方]1.霍亂吐瀉足腿轉筋用棉花蘸燒酒搽擦手足僵硬之處

2.耳菌者耳內發一小粒形紅無皮宛似菌狀不作膿亦不作寒熱但耳閒不通纏綿不已令人耳聾法以燒酒滴入仰半小時候漸生白腐箝去之漸腐漸箝腐盡爲度

康按燒酒與火同性得火即燃北人四時飲之南人祇暑月略飲膈快身涼其味辛甘升陽發散其氣燥熱勝淫祛寒故能開鬱通膈而止冷痛熱能燥金耗血大腸受刑故令大便燥結與薑蒜同飲則易生痔善攝生者宜戒之

八 醋炭救產後血暈

[形性]醋係用米麥果實澱粉類或酒類加醋可使醱酵變酸而成入藥須陳久者以江蘇鎭江產者最良

醋爲澄明液體色淡黃或深紅如醬油味酸戳齒氣香刺鼻

[成分]以醋酸爲主餘則略含醋酸依打糖分護膜色素灰分等

[功效]散瘀血消癰腫解魚肉諸毒多食損齒傷筋骨

[驗方]產婦血去太多百脈空虛或惡露不行瘀血上攻猝然面白如紙口唇毫無血色不省人事四肢厥冷氣促異常時而呃逆時而欠伸是謂血暈非常危險急用酸醋一盆以鐵秤錘燒火紅淬醋中其氣上冲熏入產婦鼻孔無不立甦此法急救臨產宜預

先備、以防不測藉免深夜病作、不致臨事匆促手足無措、另一方用韭菜切碎入有嘴瓶內將醋三碗煎滾、入瓶內將瓶口塞緊祇用瓶嘴塞入產婦鼻孔亦佳、

九　浮小麥止虛汗

[形性]小麥爲穀類之一、幹部直立中空、高至四五尺、有赤白二色實爲穎果有芒刺甚長其麥子入水能浮者名爲浮小麥、

[成分]其分成與馬鈴薯相似、而含多量石灰分、於少年體軀長成時、最宜食之蓋石灰分爲搆成骨質之要素也、

[功能]浮小麥除熱止汗、治自汗盜汗、骨蒸虛熱、或用麥片煮食

著者按有胃病者麥食最宜、北方霜雪多、地氣厚、熱性減入藥以北來者爲勝、浮小麥卽水淘浮起者能止自汗盜汗、亦以北方者良古方亦用寒食麵者寒食日以袋盛麵懸風處數十年亦不壞以其熱性去而無毒也、小兒暑月食之可免疰夏、麵性熱而壅滯發渴、多食令人體浮、小兒疳積滯脹者不宜食北人代飯常御反不爲患者此其地勢高燥無溼熱熏蒸之毒故麵性亦溫平能厚腸胃、強氣力補虛助五臟其功不減于稻米耳東南卑濕、春夏尤多雨水是濕熱之氣鬱于內故食之過多、每能發病、夏月瘧疾人又不宜食否則起浮腫、

十　陳小粉外科敷藥

麥粉卽小粉、乃卽麩麵麵筋所澄出之漿粉、曝乾而成、治一切癰腫初發、焮熱未破者及湯火傷用隔年陳小粉、愈久愈佳以鍋炒之初炒如餳久炒卽乾成黃黑色冷定研末用陳米醋調成糊熬如黑漆瓷罐收之用時攤紙上剪孔貼之少頃疼痛卽止微覺搔癢乾而不能剝去待腫毒消藥力已盡則自然脫落、甚妙

2. 又可治耳膿常流、凡大人小兒、耳內生疔、出毒之後膿水汆汁久久不乾聤耳臭穢之水時流用陳小

粉以醋煎滾打如漿糊、晚上搽耳之前後、留出耳上不敷、以紙一張裂縫套耳蓋之、免污被枕、次早洗去、晚上再敷、不過三五次、膿流乾淨自愈、

3. 太陰丸專治噎膈、瘧疾神驗異常、預查月蝕同時、當日虔誠齋戒、備辦潔白乾麵壹斤、再用老紫蘇半斤、煎膿取汁、拌麵畝硬得中、放潔淨磁缽內、臨時向月下恭設香案、叩頭跪月下、自月蝕初虧時起、即將拌麵作丸梧子大、至月蝕將復圓時即停止、放案上露一宿、陰乾磁瓶收貯、按照年歲、服若干丸、此丸服下、無不通者、亦取其一點誠心耳、

十一　麥芽消乳脹

[形狀]大麥麥粒較小麥為大、故名、係禾本科穀類、高三四尺、莖中孔、麥粒內殼與外殼互相緊抱、故與小麥有別、

[功能]消渴除熱、益氣調中、暑月可炒焦泡湯飲之、大勝於茶、

康按大麥、補虛勞、壯血脈、益顏色、實五臟、化穀食、止洩痢、不動風氣、久食令人肥白、滑肌膚、為麵勝於小麥、

磨以為粉和入白糖少許、滾水拌服、清香可口、鄉人恆以充飢、碓磨妙品、功能平胃寬胸、涼血止渴、下氣消食、

麥芽乃用大麥或小麥浸水萌芽而成、炒焦用之、功能開胃寬腸、取其生發之氣、消化一切米麵諸果實積、快膈進食、

[驗方]產婦殤子、無兒食乳、乳脹不消、令人發熱惡寒、用此回乳甚良、用大麥芽二兩、炒焦為末、每服五錢、白湯送下、

麥麩乃小麥之外皮也、為飼豬之良好食料、凡患小腸疝氣、睪丸[illegible]垂作痛、及小腹受寒冷痛、胸腹痞脹等症、用麥麩炒極熱、青布包裹、熨腹上、祛寒卻痛、互易至汗出為度、捷于影響、

十二　飴糖止老人咳嗽

[形狀]飴糖有軟硬之別、軟者為淡黃色、富有黏質

家庭食物療病法

之濃稠液體硬者爲黃褐色塊、俱有甘味、通常所稱糖餅是也、

[成分]其主成分爲麥芽糖、糊精、此外含有蛋白質、脂肪及少許鹽質、

[功能]和中潤腸補虛、易消化、向作小孩產婦之滋養物、

[效方]老人咳嗽、以糖餅在菜油燈上熬焦食之、能潤肺止嗽、

著者按飴糖卽西人所謂麥精是也、常合魚肝油中、服之補益、本草亦言其補虛乏益氣力健脾胃、脾弱不思食者宜之、

第七章 肉類

一 肉類良惡之檢別

吾人營養最必要者、爲蛋白質、肉類中含量最多、且易攝收、故營養品中以此爲最有價值、吾人所食肉類、大都爲牛羊豕之類、西人嗜牛肉、國人以猪肉爲主、羊肉不過輔佐品而已、

肉類中多附有寄生蟲、及傳染病菌、食之易傳染人體、故均須煑熟消毒爲妥、已經宰殺之肉類、如擱置過久、則致腐敗、發生種種毒素、食之易中毒、其新鮮腐敗與否、可區別之如下、

一香味 新鮮之肉、有一種固有香味、腐敗者、不特無香氣、且發一種特異惡臭、刺人鼻竅、令人作嘔、乃其脂肪分解之故、

二色澤 新鮮肉類、呈固有肉色、且有光澤、腐敗者、不僅無光澤、且呈紫色或綠色等、脂肪部分作黃色、檢其肉之斷面時、有錯絡暗色部分、且發腐臭、近來奸商多塗顏料、宜細辨之、

三硬度 新鮮者有彈性、摸之軟而帶硬、腐肉則柔軟、指壓之有痕跡、不易消滅、甚則敗壞如腐、按之如泥、

四溼度 新鮮者溼氣甚少、手觸之無水氣、腐敗者溼氣較多、甚至手握之水分浸浸而出、蓋已腐敗分解之故、

肉類無論煑與燒、均不如生食易消化、但以有寄生

蟲及細菌之故、必須煑熟爲妙、西人固尙生食、但國人則非煑熟不可、以中外體氣之不同、惟煑熟味美、斷非生食可望其項背、

二　猪肉之價値

[形性]豬爲家畜之一、乃野猪之變種、其體肥滿、鼻長尾短、全身黑色、毛粗而硬、性喜汚穢、恆在汚泥水濕之地而臥伏取冷、每年生產二次、每次可產十餘頭、繁殖極速、肉供吾人常用食品、

[功能]益腎陰、補虛羸、用作滋養强壯藥、鹽漬臘乾尤佳、

[成分]猪肉雖不及牛肉、但吾國人喜食之、富于脂肪、分析之可得二八%、其他爲蛋白質一四・〇、鹽類二六・〇、水分五五・〇、

[宜忌]疔瘡切忌肉類、食之易致走黃不救、流火腿腫亦忌犯之、重膀猪肉食時宜選精良之品、煑宜極熟、以殺其寄生蟲、

猪肉爲瘍科調理之品、凡患外瘍膿泄痛定之後、餘腫漸消、胃氣亦旺、正宜多進肉食、蓋豬爲水畜、味本鹹寒、亦有淸熱化毒之功、燉取淸滷、可養胃陰、以助津液、取血肉有情之物、竹破竹補、是瘍家應須妙品、俗謂吃肉長肉、也昧者不明、懸爲厲禁、誤矣、

[效方]1. 眼丹常見於上眼瞼、腫如桃李、可用精肉貼之、數次卽效、

2. 對口疽發于腦後、初起如粟粒一點、四圍腫硬、日見蔓延、潰腐常陷、不救、初起可用雄猪眼梢肉、剁爛如泥、加冰片少許、和勻敷患處、頂上以膏藥蓋之、拔去殭肉、放出黃水、消散毒滯、可愈、

三　陳火腿骨治噤口痢

[形性]火腿各處皆產、而以浙江金華爲最著名、據傳金華人畜猪、多以木甑作飯、飯湯釀淳者飼豬、欄房淸潔、早晚餵以豆渣糠屑、有時飼以粥、夏則瓜皮菜葉、冬則熟食、調其饑飽、察其寒煖、故肉細體香、茅船漁戶所養尤佳、名股腿、腿較小、味更香美、

[功能]補脾開胃、滋腎生津、益氣血、而充精髓、病後

尤宜食之、

[效方]噤口痢症、痢下無度、裏急後重、嘔噁胸悶、不思穀食犯之每陷不救、祗用陳火腿骨二根、炭火煆灰、篩過加上白糖一兩、米飲湯或滾水調服無不神效、蓋能祛痢蕩積油膩、得灰卽解散故油膩凝滯之病、卽以其物燒灰調服自愈、並能解中諸肉毒、及諸食停滯腸澼噁痢等症、著者按此卽西醫所用之骨炭也、功能護腸、骨炭細末一入腸內卽占佈甚廣、痢疾細菌爲其撲滅、不致逞威猖獗而痢疾告愈矣、單方之效力、味者以爲不可思議、其實深合最新學理也、

考火腿能治童癆怔忡、止虛痢泄瀉、健腰脚、全漏瘡、以金華之東陽冬月造者爲勝、浦江義烏稍遜、踰二年卽爲陳腿、味甚香美、甲于珍饌、養老補虛、洵爲極品、宜取脚骨上第一刀、剔垢洗淨、俻鍋上乾蒸、悶透極爛、而味全力厚、切食最補、然必上好者始堪蒸食、否則非鹹卽硬矣、或老年齒落、或病後脾虛少運、則煮湯撇去油、但飲其汁可也、外感未清、濕熱內戀、積滯未成、脹悶未消者、均忌食此、太早反不生力、或有致浮腫者、

四　猪肺補肺療肺疾

[功效]甘微寒無毒、補肺療肺虛咳嗽、藥肆中有肺露出售、可購服之、

[驗方]1.普通所稱吐血有兩種、卽咯血(肺出血)及胃出血是也、胃出血多突然而來、一次吐多量之血、俗稱冲血是也、大抵因素有胃病、或飲酒過多、或受傷而起、吐出血液、每呈紫黑色而凝固成塊、多者盈碗盈盆、非常危險、但能過此危險時期則就愈甚速、蓋胃中大動脈破裂也、至于肺出血大抵因于肺癆、肺組織潰滅、破裂肺中動脈、破裂而來、如身體細長筋骨暴露之質、恆易咯血、其血管壁非薄而有滲透性、特有出血性傾向之故、咯血之症、口中常有血腥氣、其血每隨咳嗽痰中夾出、血液呈淡紅色、或鮮紅色且含泡沫、肺癆之人、初起每爲血絲、併發潮熱虛汗等症、凡遇此種病症、確認其血爲肺內來者、

可用下方治之、非常靈驗、用猪肺一個、須外皮無稍破損者、慢慢灌洗、萬勿弄碎、洗清肺中血水後、將肺中之水、慢慢濾去、濾時用長方木板一塊、一頭置木桶中、一頭用櫈墊高、使成斜形、將猪肺仆置板上、肺管朝下、水自肺管中徐徐流出、約一時後、俟水盡流去無餘、再將豆油一斤、不喜食油者、可酌減、但至少須十兩、鴨蛋四只、冰糖屑四兩、三物舂細調和、且須極勻、勿使蛋黃沉底爲要、然後用匙、慢慢由肺管灌入肺中、灌完爲度、卽將肺管紮緊、不使漏出、更用十四寸大鍋一只、內貯水約八分滿、俟水燒至極沸、乃將肺徐徐放入水中、惟肺之四週須面面滾轉、片時肺內之物、均凝成固體、而豆油亦凝結蛋內、不致流出、煎片時再加陳酒約百文、藉減腥氣、㒸改用不文火燒煮、約六七小時後、鍋內之水將乾、而肺亦縮爲極小、且極酥爛、乃可停煮、候用、患吐血者、一肺可分四次服食、如胃口佳者、早晚空腹時各服一次、兩日服完、[illegible]效更速、連進五只、病卽霍然、且保斷根不發、但至少須服三只、服時如厭腥氣難下、可用陳酒佐下、

康按曹姓病人、思慮過度、突患吐血、屢醫不效、病者惶恐、引爲不救、得此方不一月、沉疴立起、迄今年餘、未見復發、洵良方也、

蓋用肺以補肺、豆油粘滯之物、止血之妙品、吾人偶爾不慎、創傷出血、但以豆油塗之、卽止、其效可見、蛋亦屬易凝之物、冰糖甘以潤肺、無怪其效之彰彰也、製方之妙、無以復加、

2. 又一方、用猪肺一個、男服用雌肺、女服用雄猪肺、不可經水、先用童便三大碗、灌入肺內、懸空掛乾、以竹刀割去肺心、勿經鐵器、乃置銅器內、以炭火文煎、先加好陳酒兩大碗、煎至將乾、用生梨汁青皮甘蔗汁人乳各一大碗、以次一一加入、再煎、待其酥爛、棄去肺管、再加藕汁一大碗、卽能成膏、預備湘蓮肉粉一斤、須去心連皮、另用乾淨竹簸一只、將肺頭倒入簸內、以蓮肉粉逐漸拌晒、其法如做圓子然、乃製成極小之丸藥、晒乾、藏入石灰甏內、切不可霉、每日晨起、未食他物之前、用開水送下、每服五分、多至一二

錢、不可間斷、吃完爲止、永遠斷根、又須注意、凡切梨斷甘蔗、均忌用鐵刀、此方亦平和可服、有益無損、

3. 肺癰之症、欬嗽氣喘、咯痰呼吸、均有惡臭、痰呈黃褐色、或灰綠色、內夾膿血、胸脅引痛、不能左臥、若見冲血不可治矣、乃肺葉已潰穿矣、初起之時、用猪肺一個、用竹刀割下、忌鐵器、洗淨血水、向藥店購北細辛三錢、入肺管內、麻綫紮緊、裝新瓦罐內、在炭火上煮熟、忌鹽、淡食連湯、俱盡即效、

五　猪　能療黃疸

[形性]猪胆附於肝下、懸如小囊、透明黃澄、胆液味苦異常、

[效方]1. 黃疸有數種、而大都屬胆石黃疸、大抵因久坐不動、及酒客肉食之輩、每使胆汁鬱滯、結成胆砂、阻礙輸胆管、致胆汁不能暢輸於十二指腸、肝胆部鬱積胆汁、血管及淋巴吸收之、遂生黃疸、蓋胆色素混入血液、皮膚染黃、乃呈硫黃色、或橘黃色、尿中亦有胆汁素、糞中反缺少此素、呈淡白色、且呈大便艱難、可用猪胆汁治之、因其中含鹼性鹽類、爲解凝性輕瀉藥、苦味健胃、助消化、改血殺虫、更能促胆液分泌、及消滅胆道內一切病原細菌、及結石、悉使排出通大便、其源既清、則黃疸亦自愈矣、

2. 猪胆汁能治大便不通、所謂豬胆汁導法是也、法以葦筒納入肛門三寸、灌以胆汁、立下、此即西醫之灌腸法也、

3. 手指患疔瘡者、疼痛擊心、以豬胆殼套之、止痛如神、或用生豬胆一個、納入黑白丑末等分、套患指上、日換一次自效、

4. 頸項瘰癧、纍纍如連珠、自頸至胸、宛似佛珠、或但結核、或潰而不斂、常流黃水、身體日就衰弱、甚而致死、俗謂痰癆是也、可用猪胆搗碎取汁、放銅杓內、炭火上煎熬、用筷挑起、滴入清水內、不化開爲度、傾入冷水內、併成一塊、然後撩起、放磁缸內、用時滴水攪和、燉烊、攤油紙上貼之、一日一換、漸能痊愈、

六　猪雜之利用

1.猪腦能愈頭風、猪腦呈白色、外有筋脈血絡、用作羹湯其嫩如腐、凡患頭風虛症眩暈目花、歸猪腦一付插入西洋參七隻燉飯鍋上食之、其效如神、蓋腦能補腦、參以補虛也、

又腦漏之症、鼻中常流膿水、其臭異常、實爲鼻淵症也、此症非常延纏、治之亦難奏效、且非常傷腦、久之成損、可用猪腦一對、挑淨血筋、不可落水、雞蛋兩枚、打碎、加陳酒冰糖、與猪腦同入碗中蒸熟食之、如是兩次、霍然病愈矣、

2.猪肚形如布囊、其靭如革、病後食之、能補中益氣、開胃生液、但有一種臭穢、煮食之先、用食鹽擦揉一過、更以豆油搽之、則其味立去矣、煮時宜用文火、則易酥爛、否則難于消化矣、

凡胃氣痛症、婦人居多、蓋善鬱多怒之故、痛時不堪、甚致氣厥、且延久難治、更不易斷根、可用猪肚一個、先用生姜一斤、切成薄片、和赤砂糖一斤、納入猪肚內、用線紮緊其口、外面塗以六七分之黃泥、火內煨熟、以透爲度、乃去外面之泥、濾取豬肚內糖汁、去姜、用糖汁和猪肚一同服下、極效、按此方甘以緩痛、薑辛能散、又能祛寒、胃寒吐水者尤宜、

又胃氣虛弱、或消化遲緩、胃納不旺、常服此方、令人肥健、猪肚一具、洗淨、以蓮肉入肚內、水煎糜爛、收乾搗丸服之神效、

3.猪腸有大小腸之別、大腸徑近二寸、作輪狀而短、小腸頗長、而迂迴曲折、富有油脂、均有臭穢、宜淨洗方可入饌、廣東人常收集其腸、製成臘腸、一如臘質、故名、尤味美、油肥、腸枯便燥者更宜、

[功能]潤腸治燥、治腸風臟毒、大便下血、俗曰腸紅、用猪底腸一條、洗極淨、以白蓮肉二兩、去心不去皮、塞入腸內、用線紮緊兩頭、煮極爛、取蓮肉少加白鹽、日食二三次、兩日內血即止、而胃口亦可漸加矣、猪腸食與不食均可、蓋蓮肉性能濇斂也、

4.豬腎俗謂腰子、每猪兩枚、左右各一、色紫黯如紅豆、味鹹氣冷、能瀉腎氣、腎虛者不宜食、本經主論腎氣、乃借其同氣以引導之耳、腎與膀胱爲表裏、故復能利膀胱也、今人誤認爲補腎、恣意食之、大爲差謬、

家庭食物療病法

病後煮湯食之、味鮮開胃、且柔嫩易消、

[效方]乳癰、多見于乳婦奶汁失於宣通、停滯而爲患、失治則潰膿不已、可用鮮豬腎一個、以陰陽瓦焙焦爲末、用黄酒冲服、二三日即消散、如已潰爛、可以一半用麻油調敷、約一星期即愈、

5. 猪脬即猪尿泡也、能醫小兒夢中遺溺、產後遺尿、法用猪脬豬肚各一個、將糯米半升、入脬內、更納入肚內、同五味子煮食、

猪脬亦治孕婦轉胞、因胞胎壓迫膀胱、而小便不通、腹脹如鼓、可用猪尿泡一個吹脹、以鵝管安上、插入陰孔、捻脬氣吹入膀胱、可大尿而愈、以理相通計亦良得、

6. 猪血可醫乾血癆、其症面痿黄無血色、非常倦怠、稍動則喘息、心悸頭眩、胃口不佳、不思飲食、嗜吃酸味、噯氣便祕、月經稀少、甚則全無、虛寒虛熱、夜間盜汗、且難安寐、日間疲乏、常欲晝寢、重者骨蒸顴紅、兩眼黯黑、皮枯瘦削、或見咳嗽、一派癆病症象、多因貧血、白帶、或少女思春所慕不遂、憂思鬱悒而成、患者多屬十四歲至廿餘歲少女、無論數月經年、祇每日飲猪血一小杯、連飲二三日、無不見效、但取豬血時、須宰猪時刀隨血出者、傾杯內乘熱飲之、冷而凝結者無效、按新鮮之血、能消陳瘀之血、蓋同氣相求之理也、此外更宜施行心理療治、尤爲切要、心願一遂、憂慮頓解、一解百解、所謂心病須心藥醫也、

7. 妊娠之婦、每日宜用猪胰燉食、自將產之一月前食起、自然易產、

8. 猪油俗稱板油、乃猪腹網膜及腎臟周圍脂肪、色純白、有緩和之甘味、熱至三十五度至四十度、即融解爲無色透明之油、臘月收取、久藏不壞、其成分爲沃來因六二・〇、瑪爾加林斯推阿林占三八・〇、功能殺蟲療瘡、用作緩和滋養藥、又能潤腸滑大便、悅皮膚、作手膏塗之、冬不皸裂、但脾虛濕滯、腹滿便滑者忌、

[效方]治肺熱暴瘖、失音喉嗄、用猪油一斤、煉過、入白蜜一斤、再煉少許時、濾淨冷定、不時挑服一匙即愈、

9.猪蹄俗謂猪脚爪、凡產婦無乳、法用猪蹄一具、煮汁飲之、乳汁自通、再加木通同煎更妙、煮清汁可洗癰疽、消毒氣、去惡肉有效、

10.猪蹄筋治風溼痛有效、痺由風寒濕三氣而成、俗謂風溼痛是也、其病項臂重痛、舉動艱難、腰脚沉重、筋骨無力、慢性者極難根治、中西醫均無良善治法、下方則不同、凡嚮祇用猪蹄筋三條、每日服之、以痊爲限、曾有人患手足痲木不仁、經年不愈、服此三月而愈、幸勿以平淡而忽之、

第八章 禽獸

一 童雌雞補益虛損

[形性]雞本產于東印度爪哇地方之野鷄、捕歸而飼養之、始成家鷄、形類不一、頭有肉冠、嘴椈堅硬尖短頗銳、便于啄食蟲類或穀食、脚亦強健、持以抓地、而覓食、雄者羽毛美麗、姿亦雄壯、頸下懸有血色肉垂、旦則啼而報曉、雌者矮小而羽毛不美、產卵後常抱卵十數枚、約經二十一日孵化爲雛

[功能]溫中氣、補虛羸、用作滋養強壯藥、最好弔成鷄滷、尤爲補益、能治男婦癆瘵及產後各病、鷄汁之製法甚易、用黃雌童鷄一只、去毛翼及頭足、將身段斷成寸許之塊、用洋鐵罐一只、將鷄裝入、再加黃酒少許、蓋好、置飯鍋中蒸四五次、則鷄中之精液、盡爲蒸出矣、然後將此汁服下、自有極大效果、最好購現成之悶爐、用炭基煨之、尤爲便利簡捷可靠、無論男女老幼、體弱轉強、洵妙品也、富貴之家、每日一鷄、視爲補品、

[宜忌]有人食隔宿雞、腹中大痛、此誤食蜈蚣子也、可用鮮鷄湯、乘熱放便桶內、令病者坐上、良久腹中若蟲行而下、按鷄與蜈蚣乃仇對、活鷄食蜈蚣、蜈蚣食死鷄、故暑天隔宿之鷄、當忌食、必須再燒食之、爲要以防其毒、

[效方]1.俗傳老鷄能發瘡痘、家家蓄之、近則五六年、遠則一二十年、待瘡痘發時、煮爛與兒食之、助其托毒成漿化膿、

家庭食物療病法

2.咳嗽痰中帶有血絲方用活童雞一只、重約半斤、多至一斤、殺斃去毛、加麥冬二錢、童便一盅、再加河水若干、用瓦罐煮爛、宜夜間未天明時服之、雞肉連汁水全行服下、連服二三雞、不令間斷、無有不效、

雞肝甘苦溫無毒、治老人肝虛目暗、用雄雞肝煎熟服之、

雞盲眼者、兩目如常人、但至夜間不能視物、俗謂雞宿眼者是、用雄雞肝一具、去淨附帶之物、另向藥店購煅石決明三錢、夜明砂二錢、同研細末、肝須去膜油、用木質刀把搗爛、切忌鐵器、和藥末調勻、蒸熟食之、二服可愈、

雞血治中風口眼喎斜、取白雄雞冠上鮮血、塗清涼膏藥上、貼歪嘴之對方、如左歪貼右面、右歪則左面、萬勿過度、嘴正卽宜取去、輕者一次、重者兩次卽痊、

二　雞卵殼可醫胃脘痛

[形性]卵殼內被有白膜、俗呼鳳凰衣、殼作白色或淡黃、有無數細孔、若黴菌侵入此細孔內、卵卽腐敗、內有卵白卵黃、胚盤在卵黃中、孵化時、核自分離、漸化為雛、氣室在卵之鈍端、產出愈久愈大、

[檢別]欲鑑別雞卵良否、可觀其殼有破損與否、如無破損、更將雞卵向光處照之、半透明者為新鮮之物、混濁者則已陳腐、或浸雞卵於十倍至廿倍食鹽水中、新鮮者下沉、陳舊者上浮、

[功用]雞卵甘平、補血安胎、鎮心、清熱開音、止渴潤燥、除煩解毒、息風止逆、新產者良、並宜打散、以白湯或米飲、或豆腐漿攪熱服、若囫圇煮食、性極難熟、雖可果腹、甚不易消、惟帶殼略煮之後、將殼擊碎、再入磁罐內、多加粗茶葉同煨三日、茶汁旣入蛋亦熟透、剝殼食之、色黑而味香美、不甚閉滯也、

[驗方]雞卵殼可治胃脘痛、胃痛俗呼胃氣痛、多半是慢性胃炎之病、時發時止、或輕或重、其痛在胸骨之下、或噯氣、食後消化不良、嘔吐酸涎、是胃粘膜分泌粘液、可用生雞蛋殼二三個、焙燥研細末、開水送呑、極效、按卵殼之成分、為炭酸鈣九〇%、燐酸鈣五七、雖稍含少量膠質、但焙燥後、祇餘石灰質、(卽

有機性鈣質、）此種鈣鹽、能緩解滲出分泌、故入胃後、與胃酸中和、消退胃炎、故有良效也、此方深合病情、莫等閒視之也、

2.吹乳者、睡時不慎、乳兒口氣吹之、乳汁閉塞、凝滯不散、而成乳房紅腫作痛、用雞子一個、將頭敲破、入明凡幾分（每一歲加一厘）於內、飯上蒸熟、去殼、陳酒送下自效、

3.將軍蛋、治白濁神效、方用雞蛋一個、上鑽一孔、納入大黃末三分、燉熟食之、此方與西醫用蛋白銀之意相彷、

4.初生幼孩、胎中受毒、腿上患腫、紅腫成片、名曰赤遊丹、遊走遍身而死、可用哺胎雞蛋內臭水、拂上一二次即痊、

5.赤眼腫痛、乃肝火風熱暴熾而成、可將雞蛋煮熟、剖爲兩半、蛋黃棄去勿用、但用蛋白、臨睡閤于兩眼上、更以手巾縛牢、明晨揭開、蛋白堅硬如石、其火可退一半、如此數次自愈、

6.蛇頭疔生手指之尖、疼痛徹心、婦女患者甚多、大抵因縫衣洗滌切菜等、而受微傷、膿菌侵入、而爲患、手指腫大、背爪下有黃白色一二點、俗名蝦眼、若不早治、日久指節爛去、不可收拾、用下法治之、特效、用鮮雞蛋之一端、開孔如一指大、傾入紅靈丹一瓶、或半瓶、將患指伸入蛋內攪之、待蛋發熱、再換一蛋、如此連換二三個、待其指不脹、雞蛋不熱、則其毒已經越數日皮脫而愈、用剩之蛋、須埋土中、以免犬類食之中毒、

7.補蛋能明目、冬月取雞子二十枚、用白水煮熟、將殼敲碎、不要剝去、隨取黑大豆、即馬料豆二合半、同煮二三小時、俟豆汁深入雞子內、形色發黑爲度、即去豆、將雞子貯於碗內、每日溫服二三枚、食完後照法再煮、功能補腎明目、大有效驗、

三　蛋白潤喉蛋黃戒烟

[形性]蛋白亦稱蛋清、色白而潔、質稠如水、煮熟則凝結呈玉白色、

[成分]水分約含八三——八九．〇、蛋白質一二

—一五・〇、其餘爲脂肪、鈉鹽、炭酸鹽、硫酸鹽等、

［功能］療咽喉腫痛、發聲音喑啞失音者宜之、以唱歌戲劇爲業者、欲保喉之不啞、每日清晨用銅鍋一只盛水半滿、放入鷄蛋一枚、置火爐上熱之、俟鍋蓋包熱而初聞沸沸聲時、急速取出、遲恐蛋白凝固、殼上開孔於一端、將蛋中黃白俱傾入喉中、分數次吞下、連食一百廿天、不可間斷、自不倒嗓、且保不發喉疾、

［驗方］凡遇服毒自殺之人、誤吞燐寸、即洋火者、速用生鷄蛋白儘多傾入服毒者之口、蛋白柔滑粘膩、燐遇蛋白、決不能發展其毒、再設法使之嘔吐、設服砒毒者、亦可解之、用生鷄蛋白四五枚吞下、則鷄子清與腹中餘剩砒毒化合、成爲腸胃所不能消化之物、徐由大便而出、自不致喪生、否則砒霜入胃後、被胃中酸質溶化、其毒入血、七竅流紅、即不救矣、

鷄子黃形圓如球、中有胚胎、色黃質厚、煮熟則體尤膩重、約含水分五四・〇、蛋黃質七一、〇、含酸脂肪二九・〇及剎篤亞斯新等、

［功能］安神清熱補陰、不寐者宜之、近發見其中蛋黃素爲戒烟劑、

［效方］眼瘡及諸種瘡毒、用蛋黃熬油、此油最能殺蟲、凡眼瘡濕爛痒痛、久而不愈、或諸瘡破爛、痒不可忍、或不收口者、搽之大有神效、功法取鷄蛋數個、煮熟去白、但取其黃、乾煎枯焦、以滾開水半茶鐘冲入、油浮水面、取出冷透火氣、聽用、

四　鷄肫皮消食積

［形性］鷄肫皮亦稱鷄內金、色黃質韌而有皺紋、乾之堅硬、火焙之、其體胖發、且有臭穢之氣、其中含有胃液素、

［功能］消水穀、治瀉痢、理脾胃、與胃酸相同、用作消化健胃藥、

［效方］鷄肫皮能消食、家弦戶曉、若偶患食不消化、食積作脹、或不饑不食、食則膨脹、消化不良、可以此物煎服、或研末吞服、均有消食健胃之力、按鷄內金通稱鷄黃皮、爲鷄之胃內膜、色黃、其功效與西藥陪

辛相同、陪辛爲動物胃液素、可以補助人之消化液缺乏、而治消化不良之症、蓋動物之消化、凡齒弱者必胃強、肉食動物則齒強胃弱、草食動物若牛羊等、則亦齒弱胃強、鷄鴨並齒亦無之、而能消化穀類、其胃之消化力強、可知矣、

2. 疳積症、小兒斷乳不適當、或飲食中營養料缺少、或食不消化等而生、其症面黃肌瘦、腹部膨滿、食而不化、腹痛泄瀉、一日數十次、瀉下之物、一如爛壞瓜瓤、夜來潮熱、小便如米泔汁、

方用鷄肫皮三十個、勿落水、瓦上炙至無臭氣、存性磨粉、另用車前子四兩、炒磨成粉、兩物和勻、以米糖溶化和食、食完全愈、但忌食炒豆、油熬糕糰餅餌、一切不消化之物、

3. 小兒遺尿、於夜間熟睡時、夢中幻覺、不由自主而排小便、用不落水鷄皮一具、雞腸一條、豬尿胞一個、各炙焦、爲末、每服一錢、黃酒送下、自效、又睡眠之前、須囑預先排尿爲要、

五　鵝血可治噎膈

[形性]鵝爲家畜水禽、種類甚多、乃雁之變種、形似鴨而大、頸長尾足皆短、嘴邊闊口根肉疣、雄者尤膨大、毛色有蒼白兩種、脚大有蹼、體長約二尺許、翼不能飛、足行亦拙、聽覺敏捷、而好鬥、肉可供食、但不及鷄鴨之味美、生卵頗大、亦堪煮食、

[效方]噎膈者、乃由食管內有瘀血阻礙、以致食不能入、大抵因于憂鬱之人、瘀食痰結、妨礙道路、膈間不暢、食管窄隘、王孟英謂肝過於升、肺不能降、血之隨氣而升者、留積不去、積久遂成有形之物、噎膈之病、咽物入喉、覺食塊中途停滯、仍行吐出、如有物梗塞之狀、雖肚肌亦不能食、久則痛如刀割、饑雜難忍、粒米不入、泛吐黑水、或吐紫血、或嘔鮮血、糞如羊屎、痰如蟹沫、不可救矣、初起之時、宰鵝取鮮血、乘熱飲之、卽愈、

六　鴨能補虛勞

家庭食物療病法

［形性］鴨爲家禽之一、家畜者其頸長、嘴扁平、尾脚皆短、兩翼均小、拙于飛翔、趾有連蹼、善泳水中、雄者頭綠文翅、雌者黃斑色、亦有純黑純白者、性木鈍、產卵不擇地、其肉可供食、

［功能］滋陰補虛、用作滋補強壯藥、食譜云、鴨甘涼、滋五臟之陰、清虛勞之熱、補血行水、養胃生津、止嗽息驚、消螺螄積、雄而肥大極老者良、同火腿海參煨食、補力尤勝、多食滯氣滑腸、凡陽虛脾弱、外感未清、痞脹脚氣、便瀉腸風者、均忌之、

［效方］1.痰中有血、大抵屬肺癆症、宜早治之、畜活雄鴨一百隻、每日清晨空腹時、以一隻宰之、血流碗內、隨手乘熱呷下、忌加鹽、百日連食百鴨、勿可間斷、食完全愈、按此方非富厚者不辦、

2.鴨雜治產後久泄、謝姓人產後病瀉甚劇、一日必瀉三五次、歷三年、遍醫不治、面黃肌瘦、肉削髮落、適有人患虛癆、每日須服老鴨一隻、須擇七年或七餘年者、鴨頸硬如鐵桿、鴨掌鴨嘴堅硬異常、如難覓過三年者亦可用、惟愈久愈好、不雜居鷄羣之鴨更佳、所棄之鴨雜、無用、病瀉者乃另煮一鍋、藉爲佐餐、如是連服十餘次、病瀉頓愈、多年痼疾、竟得治于無意之中、後轉告於同病者、亦均有效、蓋老鴨多呑帶殼螺螄、其消化力特長、久瀉者必致脾胃虛弱、以鴨雜健脾胃、久食其瀉自止、良有以也、

3.瘰癧病發于頸項之間、結成硬核、小者如指、大者如卵、纍纍如貫珠、初起不痛不紅、但待發紅而軟、必穿潰矣、潰後常流稀膿黃水、或瘡口互相串連、歷久不愈、此方無論已穿未穿、均驗、法用鮮鴨蛋一枚、一端開洞、去黃留白、覓活壁虎一條、擊死、放蛋白內、將口封好、埋土內、愈久愈好、最速非百日不可、用筆塗擦患處、極效、蓋取其竄透之性耳、

4.牙癰之症、牙齦上起小塊、焮紅高腫、腮頰浮腫、口不能開闔、可用青殼鴨蛋一個、白殼者無效、開一小孔、使流出蛋白少許、再用猪油少許、切碎、加鹽少許拌勻、塞入蛋內、用竹筷攪之使勻、用清潔皮紙封口、在飯鍋上蒸熟、每于飯前半小時食之、輕則三天、重則一星期、無不愈矣、此方取其簡效易服、

5.小兒小便突然浮腫光亮打結乃蚯蚓毒也用雄鴨涎抹之、

七　鵓鴿療夾陰傷寒

[形性]鵓鴿爲禽類之一、種類甚多其足赤而短小、體之上面灰黑頸胸皆暗紅體之下部多純白亦有茶褐及黑白交雜諸色記憶力與生殖力皆特強故可傳書每月一孕每孕兩卵肉可供食其香四溢鴿蛋煮食尤鮮嫩絕倫、

[效方]夾陰傷寒之症、乃慾後感寒而成、其症少腹作痛、睪丸小便均縮小、切不可誤服涼藥犯則難救、捉白雌鴿一隻碗鋒片剖腹納入上好麝香二三分縛于臍上鴿頭向上蓋被經六小時覺通身如火汗出遍身其寒盡祛而解矣、

2.乾血癆症未嫁之少女多患之、面痿肌瘦、經血不行、可用鵓鴿一隻去淨腸雜入血竭末、一年者加一兩兩年者二兩三年者三兩用針線縫住用無灰酒煮數沸令病人吃之瘀血即行如覺心中慌亂食肉一塊即解、

按鳥肉皆易消化、價値不在獸肉之下、且不易腐敗、並多傳染病毒細菌、可安心食之鳥卵以半熟者最易消化、生者次之煮至老者最難消化卵爲極佳之滋養品、其中含蛋白質百分之九七、脂肪百分之七九・五易于消化吸收、

鳥肉之新鮮與陳腐否可用下法別之、1.拔去其毛、如毛根無脂肪附着者爲新鮮或用手將其頸部及兩翅持住、吹開腹部羽毛、如皮膚作青色爲陳腐2.眼珠有光澤如生者爲新鮮、眼珠溷濁肉軟足乾嘴內無水、爲將腐敗3.肛門作暗褐色、並排泄一種黏液發臭者爲病死之鳥肉切不可食

八　麞奶醫小兒疳積

[形性]麞生山野陂澤、及淺草叢中、形似鹿而小、頭亦無角雄者有牙出口外、即名牙麞色黃黑大者重二三十斤秋冬居山中春夏居水澤四肢善馳其皮細軟夏日毛少而皮厚冬月毛多而皮薄、獵人獲之、

多取其乳、製成小塊、如鈕子而大、色白似蠟、包以竹籜而出售、其價頗貴、每元祗售分許、近多有僞充者、

[專治]小兒疳積、時時便泄、腹部膨大、小便如米泔水、消瘦、寒熱、藥難見效、祗將驢乳一二分、用刀刮下少許、和入粥內餵之、毋使兒知、不數日即見痊愈、良方也、本草亦言其能補五臟、益氣力也、

九　牛骨髓療虛勞百病

[形性]牛屬脊椎動物、哺乳類、爲家畜之一、有黃牛水牛兩種、其齒有下無上、三歲後脫換、故但視其齒數、可知其年齡、蓋三歲爲兩齒、四歲四齒、五歲則六齒、六歲後每年接脊骨一節、其皮肉臟腑骨髓皆可供食、其肉尤屬肉類中之最滋養者、

[成分]牛肉中含蛋白質、筋纖維、脂肪等、尤以水分脂肪爲多、味甘香而美、而滋養力甚強、人多嗜之、乃有益人之食品也、

[功能]安中益氣、養脾胃、脾胃得養、則中自安而氣自益矣、凡牛病死者不宜食、黃牛性溫、尤爲有益、水牛性平、較次、

[效方]強身百補丸、治男婦先天不足、後天失調、氣血虧損、陰陽違和、飲食少進、身體羸弱、男患失血遺精、女患崩帶漏下、一切虛勞等症、皆可轉弱爲強、並治陽物萎縮、久無子嗣、屢屢服之、定卜麟慶、方用牛骨髓一斤、虎頸骨二兩、白蜂蜜二兩、胡麻子即脂麻一斤、雄黑豆一斤、須黑皮綠仁者、佳檳榔片二兩、建神曲四兩、上藥先將虎頸骨酥油炙透、晒干剉末、脂麻子大黑豆各炒研末、檳榔、神曲各生研成末、再將牛骨髓熬化去渣、白蜂蜜煉熟、勿過度、將此二物調和一處、同各藥末傾和攪勻、乘熱爲丸、每丸重二錢、做丸時愈速愈妙、恐骨髓與白蜜冷凝、難以搓丸矣、每日不論早晚、破服一丸、滾水送下、久服此丸、妙難盡述、但忌一切薑辛大葱蒜韭各物、並解脫煩惱、爲要、按方內用牛骨髓虎頸骨者、以骨補骨、填補精髓、助筋強健、調養五臟、以去寒溼也、蜂蜜脂麻、取其補中潤腸、助腎益氣、以和營衛也、黑豆其形如腎、取其益腎鎮心、滋補少陰、以安魂魄也、用檳榔調氣寬胸

建曲消食和胃、蓋恐前藥呆補、使之補而不滯、免膩腸胃也、

2. 腰痛之因有五、如房勞過度則腎虛、欲跌未跌則悶挫、負重損傷則血凝、酒食不節則溼熱、睡臥溼處則寒溼、如悠悠不已而痛者、乃腎虛也、可用黃牛腿骨一副、棄骨取髓、熬煉成膏、貯瓷器中、用時取膏少許、置火上烊化、以潔淨棉花、蘸搽患處、日凡數次、更常服胡桃、定見痊可、

十　羊肝療雞眼盲眼

[形性]羊爲家畜之一、孕四月卽生、其目無神、其腸薄而縈曲、全身毛色黑白不一、毛甚長、頭生兩角、其皮肉臟腑骨髓、均可食用、

[功能]補元陽、治虛羸、用作滋補強壯藥、熱體不宜食、往往出血、

[宜忌]食譜云、羊肉甘溫、煖中補氣、滋營、生肌、健力、肥大而嫩、易熟不羶者良、秋冬尤美、多食動氣生熱、又不可與南瓜同食、食則發病、產後虛羸、腹痛覺冷、自汗帶下、乳少、均可食之、時感前後、瘧痢疸脹、哮嗽瘡瘍、均不宜進、

羊肝補肝、療肝風虛熱、目赤、翳膜羞明、青盲內障、不能遠視、虛病之後失明、均可用子肝七枚、生食神效、

[效方]雞盲眼、入晚則目昏不見、晝中則目光淡白、用白羊肝一具、熟地黃二兩、同搗爲丸、梧子大、每服四十丸、須食後服、其藥力乃能上行、按此症爲營養缺乏、體質衰弱、或病後老人小兒、因食物營養上缺乏之一種維他命A、於是抗病力減退、除易患痿黃貧血外、眼球易發生角膜軟化、結膜乾燥等症、卽所謂鷄盲症也、羊乃草食動物、其肝臟中含維他命A、故治此症有效、暗合最新學理者也、魚肝油中亦含維他命A頗富、亦治此症、

第九章　魚類

一　魚肉之鑑別

[形性]魚肉富有滋養分、依季節產地成分、雖少異、

但蛋白質之含量不遜于獸肉、且易消化、爲適當營養品、卽使煮之燻之、亦無害消化、爲病人及小兒理想的食品、醃魚乾魚雖不如鮮魚之易消化、然健康者食之亦無妨害、但國人視爲病者禁品、

魚肉腐敗者易中毒、例如皮膚發疹、又鱔魚等有肝蛀幼蟲寄生、食時又不可不愼、魚肉腐敗者、發生所謂魚肉中毒者、多因此而起、今將新鮮與腐敗之鑑別法列之如下、

1. 眼球、新鮮魚類之眼球、透明而有光澤、稍隆起、陳腐則不然、

2. 腮作鮮紅色、乃新鮮之明證、陳腐者則作殷紅色、亦有奸商塗以顏料、亦呈鮮紅色者、不可不審、如不辯識、可以水洗之、其色立溶于水內而褪去、如此則眞僞立見、

3. 鱗、新鮮者雖以手逆捋之、亦不易褪落、陳腐者則不然、

4. 光澤、新鮮之魚、有固有光澤、陳腐者不但無光澤、且呈暗黑、

5. 肉質、新鮮者多緊縮、雖以指按之、不著痕跡、且富強彈性、陳腐者則不然、其肉浮軟、以指推之皺在一處、

6. 臭氣、新鮮者有香氣、陳腐者於腮部、常發生臭氣、穢而難聞、按魚肉常腐敗方有毒性、河豚卽否、當生存時其體中已有毒物、雌魚卵巢內之毒最強、其次肝臟及血液中略少、肌肉則完全無毒、雄魚精液中亦有毒、最毒者爲肝臟、

〔效方〕魚膘膠、乃將魚膘搗爛而成、其性甚黏、性甘平無毒、治男子遺精、睡夢正酣、宛與人交而遺泄精液、久則衰弱頭重眩暈、健忘消瘦成癆、用魚膘膠治之神效、取其黏而澀精也、

二　鰣魚鱗拔疔瘡

〔形性〕鰣魚、初夏時有之、餘月則無、體側扁而長、下顎突出、背蒼色而腹白色、體長約三尺許、肉多細刺、而富脂肪、其鱗細難辨、

〔取魚鱗法〕在鰣魚腮下近腹處、有划水兩瓣、瓣瓣間

有尖長之鱗二瓣、最佳、但極難得、可以背上大鱗代之、取魚鱗時須用手剖下、不可見水、陰乾收貯、此拔疔第一妙藥者、當預先備製、

[驗方]疔瘡者膏粱之輩多生之、經云膏粱之變、足生大丁、或頭面肢體偶有微傷、不愼風水、亦易致之、大抵僕人廚夫縫工傭女等易生之、手指偶受微傷、或表皮脫去、病菌侵入而成、面上之疔最重、初起小疱硬結、癢痛、頭目浮腫、往往走黃而死、指上之疔較輕、但疼痛難堪、所謂十指連心是也、若不早治、潰腐脫節、初起時卽用鯽魚鱗治之、神效、先用銀針撥開疔頭、切勿犯鐵器、取鯽魚鱗一片貼之、須臾卽咬緊、後將魚鱗邊略略揭起、些些用力急揭去、疔根便帶出、但極痛、須忍之、疔根拔去後、更用清涼膏蓋之、過一宿後用生肌散蓋之、卽能收功、但切須忌酒肉豆腐、犯則十死其九、富豪之家終日酒色徵逐、偶面上發疔、視爲小瘡、仍酒肉無度、猝然走黃而斃、至死不悟、可歎也、

三　鯽魚能消黃疸

[形性]鯽魚形似小鯉、色黑體促、肚大背隆、大者有三四斤、長數尺、其肉供食、軟而鮮美、煮湯尤佳、加入火腿同燉尤美、

[功能]甘平、開胃調氣、生津運食、和營息風、淸熱殺蟲、解毒止痢、止疼消痔、消痰、大而雄者勝、宜蒸煮食之、但有瘡瘍者忌之、

[效方]1.面上發疔、用鯽魚一尾、杵爛入研細辰砂拌勻圍之、火卽消散、漸微漸小、其疔自拔、百試百中、非常靈驗、

2.黃疸之病、多因時常便祕、飲食不宜、飲酒過度、輸胆管粘膜腫脹、胆道閉塞、壓迫胆汁不能入十二指腸、旣無出路、轉入血中、環行全身、皮膚眼膜舌苔皆作黃色、如以布片揩擦、亦發黃色、皮膚發癢、小便尿色黃綠、或暗褐、大便晦澀、枯白如油珠、有惡臭、或便祕、頭痛倦怠等、方用烏背鯽魚一尾、約重三四兩、連腸雜鱗翅入石臼內搗爛、加當門子麝香三分、再搗

家庭食物療病法

勻攤布上、貼肚臍眼上、次日取下、重者貼二三枚、貼後有黃水流出爲妙、

3.乳部生塊、歷久不消、用活鯽魚一尾、去鱗骨、與酒糟同搗勻、厚塗患處卽消、或其他惡核腫毒、與山藥同搗敷之神效、

4.痘瘡不起、難于起發、可用鯽魚鮮筍湯食之、自能透發、

5.噤口痢、痢而不食、最爲危險、用鯽魚搗爲泥、和薯芋寸香少許、貼于臍上、卽思食矣、

6.頭風頭腦作痛、難止、法用活鯽魚之腦、敷油紙上、貼太陽穴、

四　鱖魚灰醫奶岩

[形性]鱖魚生江湖中、體扁腹闊、口大鱗細、體色淡黃兼褐、腹白、有黑斑、斑紋明顯者爲雄、稍暗者爲雌、長七八寸、小者三四寸、冬日潛伏岸穴中、其肉細無刺、常啖細魚爲食料、

[驗方]1.凡種牛痘者、宜食素鮮三天、葷鮮三天、葷鮮以鱖魚爲妙、

2.乳岩症、犯者多屬中年以上婦人、因所願不遂、憂鬱而起、乳房內起核、初如豆大、漸若棋子、不紅不腫、不疼不癢、或半年一年、或二三載、漸長漸大、始覺疼痛、痛則難解、其後腫如堆粟、或如覆碗、紫色氣穢、爛如岩穴、凸如泛榴、疼痛徹心、或並無膿水、瘡口放血、立時斃命、初起時可用鱖魚炙灰、服之神效、

五　土附魚治顱頦瘟

[形性]土附魚一名菜花魚、蘇人呼塘鯉魚、吳興人呼爲鱸鯉、土附俗誤呼土婆、此魚常附土而行、不似他魚浮水游也、色黑味美、

[效方]顱頦瘟俗稱窄腮、或土婆風、每流行于一時、兩側耳下腫脹、不甚疼痛、亦不發紅、略覺微熱、皮膚發靑白色、下顎開張妨碍、頸項不能轉側、經七至十四日腫脹漸退、可用土附魚煎湯飲、

六　甲魚脚氣靈藥

〔形性〕甲魚原稱鱉甲、水居而陸生、大者六七寸、小者四五寸、但頭尾四肢俱不能縮藏甲中、尾短而頭頸長、鼻類象、性喜堅嚙他物、即不易脫、脊帶褐黑色、多小襞、邊緣軟、作肉裙、

〔功能〕補陰氣、潛肝陽、消癥瘕、除寒熱、用于女子血病及勞瘧、瘰痔漏、以色綠九肋者爲上、切不可與莧菜同食、食之生小鱉、

按鱉甲味鹹平無毒、鹹能軟堅、辛能走散、故主癥瘕、堅積寒熱、去痞疾瘧母痔核、甲能益陰除熱、故爲治瘧要藥、及陰虛往來潮熱、血瘕腹痛、勞瘦骨蒸、非此不除、洵滋陰補虛之良品也、

〔效方〕1. 腳氣症、宋時謂之軟腳病、乃缺乏乙種維他命爲主因、其誘因爲地氣卑溼、故上海最流行、其症腿足浮腫、軟弱光亮、漸及兩股、後及全身、或足及下腿覺麻木萎縮、呈乾瘦狀、步行困難、乃乾腳氣、若腳氣衝心、嘔吐噁心、氣喘心悸、口渴異常、則不可救矣、方用甲魚一只、約重半斤許、殺之去腸雜、洗淨置鍋內、加入大蒜頭分開去衣二三枚、生姜二片、灌入陳酒八分滿爲度、不可加水、緩火煎之、灶內燉更佳、須爛熟脫骨、然後連湯代食之、不可加鹽、其味頗難上口、以食盡爲佳、若不喜食者、其肉可勿食、其湯務要食完、如是食一二只必愈、惟殺時忌用銅刀、燉時宜用瓦罐、蒜頭須用冬蒜爲妙、蓋取甲魚滋補之力耳、

2. 鼻血不止、乃肺水也、用風乾之甲魚頭一個、用陰陽瓦煅灰、研爲細末、加冰片少許、裝入逼迫瓶、探射鼻中、或以紙管連吹數次、功能止血斷根、試之良效、

3. 久瘧不已、面色痿黃、形體瘦削、時發時止、可用酸炙鱉甲研末、加雄黃少許、早晚臨睡、一日三次、每次用開水和酒沖服、

七　黑魚亦治腳腫

〔形性〕黑魚體玄如鰍、其性頗烈、且不易死、其肉亦堪供食、

〔效方〕無論老幼腿足發腫、俗名腳氣、用黑魚一條、擇半斤或十兩一尾者、將魚破肚去鱗內臟、除盡洗

淨、將大蒜頭十餘瓣、皮硝視魚之大小而用八分之一、統納魚之腹內、用乾淨蔴線或白線將魚稀疎紮好、外用白皮紙一二層裹之、再用乾淨黃泥調爛、或小麥麵調而外護、置于炭爐、不可用煤炭、微火緩緩炙之、俟魚熟發香、此時泥或麵已焦裂、完全棄之、將魚拆開、不可放其他作料、用以佐饍、分數頓食之、腿脚腫脹極重者、如法連食黑魚二三條、無不告痊、按黑魚健脾、蒜頭利濕、皮硝能消水腫、黃泥或麥麵能補脾土、合而用之、所以效驗異常也、

八　青魚胆明目醫喉症

[形性]青魚鱗發青黝、故名、不食污物、魚類中之最清潔者、供食品最宜、臘月採取其胆、陰乾備用、其性苦寒無毒、治喉痺、祛障翳、堪作眼科喉科要藥、

[效方]1.治赤目障翳、用青魚胆膏頻頻點之、方用黃連切片、井水熬濃、去渣、煎成膏、入大青魚胆及冰片少許、瓶收密封、每日點之、甚妙、

2.純陽青蛾丹、專治雙單乳蛾、喉頭腫突若蛾、疼痛流涎、嚥下困難、不便開張、若現黃白斑點、必化膿、爲爛頭乳蛾、大抵一旦受寒、或暴熱、寒熱不調、多吸烟飲酒、高聲喊叫、或傷風等、抵抗力薄弱、病菌侵入而病矣、用此丹治之、喉閉者立刻開關、百試百效、眞救急神方也、方用青魚胆不拘多少、以生石膏研末拌勻、須乾濕得宜、陰乾爲末、每兩加上梅片一錢、共研勻、磁瓶收貯、勿洩氣、遇喉症吹入一管、立刻見效、又方、無論喉中雙單乳蛾、及一切喉中腫痛、均能吹愈、用青魚胆一錢、黃瓜霜五分、梅花冰片五厘、共研末、用瓷瓶收貯、勿令洩氣、將藥吹入喉中、使病者流去痰涎、卽愈、(製青魚胆法、臘月收取大青魚胆、每個盛糯米十餘粒、勿令胆中黑水溢出、緊紮其口、掛通風處陰乾、製黃瓜霜法見黃瓜條、)

3.喉症腫痛、牙關緊閉、冬月取青魚胆汁、及眞胆凡三錢、拌和陰乾爲末、用時水調送下、此藥入口臭穢難熬、卽起嘔心、卽吐出頑痰數口、卽見鬆矣、尤以喉風重症頗效、

康按、魚胆本屬苦寒、可以點目去障、以胆入胆故也、

至于青色魚青入肝、開竅于目、故有點目治翳之功、目睛取生汁入眼、能黑夜視物、以其好噉螺螄、螺螄能明目也、味苦氣寒、能涼血熱、故又主治痔瘡火毒、能明目、功與熊胆相同、

第十章 水產

一 蟹黃可塗漆咬

[形性]蟹生湖沼池澤中、爲介壳類、棲息于山岸穴窟中、頭胸部甲甚闊、腹甲扁平、屈折于胸部之下、有橫紋、雄者小而尖、雌者圓而大、其複眼有柄承之、脚五對、第一對變爲螯、橫行甚速、可煮食、性寒、宜和紫蘇生薑同煎、又可浸酒、鹽藏、醬燒、皆爲佳品、

[功能]補骨髓、利肢節、滋肝陰、充胃液、養筋活血、療跌打骨折、筋斷諸傷、解漆毒、爪可催產墮胎、以霜後大而脂滿者勝、和以薑醋、風味絕倫、惟疾嗽便瀉孕婦及中氣虛寒、時感未清、均忌食、尤勿與柿同食、食則腹痛吐利、甚至於死、

[效方]1.婦人乳管不通、或乳部起核作痛、腫脹、不治、即成膿、用活雄大蟹一只、將蟹用麻線紮緊掛于簷前陰乾、逾六七個月收進、蟹肉盡化爲塵、如空壳然、瓦上焙乾、至化炭爲度、研末、磁瓶封固、用陳酒冲服六七分至一錢、自消、取其攻突之性也、

2.漆性辛熱有毒、體虛者易感其毒、初起抓癢、漸似癮疹、甚者渾身上下腫起、如沸刺刺作痛、燥裂、浮腫、皮破濕爛、可用生蟹一隻打爛、再加黃雞蛋白二個、調敷、先煎杉木湯洗患處、然後塗之、按人觸及漆、漆有毒質、名烏羅希哥爾、每因各個人之體質而異、故有人特易感染、有人始終不感染、若感染其毒、顏面手足等處、發生小塊、或小水泡、紅腫癢痛、晨夕尤重、重者變小膿疱、皮膚因即濕爛、用上方治之、確有奇效、

3.瘡臌者、瘡毒硬用遏藥、外皮雖愈、其毒反無出路、以致內攻、毒濕內戀于脾、致腹脹如臌、宜覓大蟹四五只、約重斤餘、須令白湯煮食、飲酒蓋暖、睡不兩時、身上發瘡更甚、而臌脹可全消、蓋濕毒均從內外發矣、後再設法治瘡、乃爲正治、

4.婦人奶岩、最爲危險、藥物難效、醫者束手、取公母螃蟹各一只、陰陽瓦焙枯研末、陳酒送下、一次服完、數次卽消、

二　蝦肉冲酒通乳汁

[形性]蝦生江湖池澤中、可分頭部胸部腹部三節、背甲爲圓筒狀、色青黑、薄而透明、前端有長棘突出、觸角二對、甚長、俗謂之鬚、兩節橈足、以供遊泳、江湖出者大而色白、溪池出者小而色青、

[宜忌]蝦有小毒、能動風熱、性好躍動、遺精者或有病人勿服、

[效方]1.產婦乳汁不少、或因乳竅閉塞、或身體虛弱、乳源不足、用新鮮大蝦肉搗爛、冲熱黃酒飲之、乳汁自源源而下、頗有效驗、

2.目赤腫痛、淚流難開、此肝火旺盛之故、將蝦肉搗爛、略入冰片、罨于眼上、清涼退火、大有奇效、

三　蚌涎可退陰腫

[形性]蚌生江湖深水中、爲介類之一、與蛤同類而異形、其殼長橢圓形而薄、老蚌殼頂表皮剝脫、露出眞珠層、肉色黃白、

[功能]性寒、止渴除熱、解酒、寒體不宜食之、食則腹痛難化、

[效方]1.幼孩三四歲時、耳內終年膿水不乾、不痛不腫、臭穢難聞、此係先天不足、或洗浴灌水入耳、亦能作痛生膿、方用大蚌殼一個、中裝人糞千年石灰、野豬腳爪、(須向鳥獵店購覓)外用鐵絲箍緊、蚌殼更以泥塗、炭火煅至清烟起、置地上退火性、研細末入磁瓶密藏、凡耳中爛及流水、以此吹入、立效、此方爲杭州金氏耳科祕方、確屬有效、幸勿等閒視之、

2.婦人陰戶腫痛潰爛、取蚌涎調藥塗之、功能清涼解毒退腫、

四　龜肉滋陰療痔瘡

[形性]龜棲息于川澤池沼、脊椎動物之一也、體軀扁平、背腹兩面俱有堅甲、係變性皮膚構成、頭部形

如圓錐四跗俱短有爪便于掘土有蹼便于泳水、背甲有六角紋十三、一旦遇敵頭尾四肢俱縮入甲內、性遲運動步履均緩慢雖數月不食亦不死壽長五百歲龜雖不可供食但其滋陰之力綦大食之滋補、故及之、

[功能]龜肉無毒煮食大補、凡患年久痔瘡痔漏、形神俱乏者但用龜肉加茴香葱醬常常煮食惟忌醋糟熱物自效、

龜板乃龜背甲最好自敗者、蓋補陰借其氣也、今人用鑽過或煮過者性氣不全矣惟靈山諸谷風墜自敗者最佳田池自敗者次之被人打壞者又次之功能滋陰潛風用作強壯藥治痔漏管瘡終年脂水常流痃瘧癥久不愈勞熱骨蒸等症、

[效方]1.乳婦恆易患奶癰初因乳頭上起裂痛、小兒吮乳時覺痛非常、乳汁不能吮去隨發生鬱積、乳房內遂結塊疼痛腫脹、乳汁越積越多乃卽化膿但常見一處未愈、旁邊又生一處是爲盤甑多者連串八九處、此愈彼竄、非常延纏累及數月可用龜殼火煨存性研細末熱陳酒調服、服下立覺乳內更動者、藥力已到之徵初起服之卽消已潰可保餘甑無恙

2.綠毛龜可醫喉症此龜出自溪澗畜水缸中飼以魚蝦冬則除水久久生毛、長四五寸毛中有金線脊骨有三稜底甲如象牙色其大如五銖錢者爲眞凡患爛喉痧症喉頭腐爛臭穢、以綠毛龜舐去其膿血數次自愈

3.龜背及雞胸症、大抵因骨中石灰成分缺乏、故骨質柔軟易于彎曲乃食物中營養料供給不足缺少丁種維他命、此外如日光不足、住所不潔空氣汚濁或因結核等其症背脊彎曲如弓、或突出如瘻胸間之骨反向前突出如船底或若雞肋身體衰弱骨瘦如柴、青筋暴露面色痿黃初起之時、取龜一隻置瓦盆內以鏡照之龜自見其形遂尿以物收取又法以紙吹火點其尻、亦能失尿或以豬鬃松針刺其鼻尤爲簡捷凡患龜背龜胸胸高背突諸證但以龜尿不時摩擦胸背自愈

五　田螺涎之功用

[形性]生于水田、係軟體動物、與蝸牛相近、亦相似、並能匐行、螺殼薄硬、呈圓錐形、色蒼黑帶黃、螺層圓滑、作旋紋、殼口卵圓形、大寸許、其卵孵化于殼內、纍纍頗多、蠕蠕而動、如小珠、

[宜忌]其肉堅靭、不易煮熟、性寒難化、食之生積、體寒者更不宜之、

[效方]1.肝熱目赤、腫痛不堪、用大田螺七枚、洗淨新汲水養去泥穢、換水浸洗、取器入淨器內、少着鹽、化于甲內、取自然汁點目、或以藥珠研細、及黃連末、入田螺內、良久取汁點目、即能清涼退火、止痛消腫、非常神效、以其寒能除熱也、

2.大腸脫肛、乃身體虛弱、氣虛下注、或久瀉久痢、坐圊過久、均能脫下、有三五寸者、用大田螺二三枚、將井水養三五日、去泥垢、更以雞爪黃連研細末、入厴內、待化成水、以濃茶水洗淨肛門、將雞翎蘸掃之、外以軟帛墊托、自然收上、不復再發、

3.痔瘡痔漏、乃體虛之人、肛門周圍靜脈受壓迫、血液積滯、遂生膨脹、而下垂、尤以飲酒之人、或喜食辛辣油炸之物、大便祕結、時時努責、少運動、好騎馬、久坐安居美食者、多生之、其他如担輕負重、竭力遠行、酒色過度、濁氣瘀血、流注肛門、婦人臨產用力過度、血逆肛門、亦能致之、初起肛門滯痛、大便不爽、後遂生痔核、大如豌豆、一粒或數粒、排列如輪、呈藍青色、指壓則小、平時不覺、但偶一勞力飲酒、及食刺戟物、突然發作、腫脹疼痛、有時流血、或潰穿流膿、及黃水、而成漏管、經年不愈、是謂痔螺、可用田螺一個、入冰片一分在內、取水搽之、先須以冬瓜湯洗淨、或用針刺破田螺、入白凡末、同埋一夜、取螺內之水、掃瘡上、又善能清涼止痛也、

4.腫脹之症、用田螺不拘多少、水漂淨、加香油一盞於水內、其涎自然吐出、晒乾爲末、每服不過三分、酒調下、水自小便下、氣自大便出、腫脹即消矣、其功迅捷異常、

5.脚腫又名脚氣、兩足浮腫、難于步履、用帶殼田螺

三四斤、放入瓦罐內、不加水、封罐口、用炭火炙酥、磨細末開水吞服、每次三錢、

6.小便不通、腹脹如獄、用田螺一二枚、鹽半匕、生搗敷臍下一寸三分、須臾小便自通、腹脹亦消矣、

7.酒醉不醒、或痢成噤口、用田螺同葱白豆豉煮熟、飲汁卽解、

六　蛤蚧可止虛喘

[形性]雄者爲蛤、雌者爲蚧、夜聞其鳴、一曰蛤、一曰蚧、遂因其名、產廣西以龍州爲多、其次瀘墟、貴縣、南甯、百色等地、

蛤蚧長四五寸、首如蝦蟆、背綠色、有白點、或鮮紅斑紋、鱗如米粟、爲十二行、居樑棟破壁間、夜出食蟲、雄者皮粗口大、雌者皮細口尖、雌雄相呼、累日相交、兩兩互抱、捕者擘之、雖死不開、故捉一可獲二、剖其腹、以竹綳開、晒乾、鬻之、

蛤蚧之尾、與身等長、且最惜其尾、見人取之、多自嚙斷其尾而逃、故藥力全在其尾、不全者不效、

[功能]補肺腎、定喘嗽、用作滋養強壯藥、虛者宜之、實者勿服、

[效方]氣喘之因頗多、宜細辨之、方可施治、西醫別之有滲出性及氣管枝痙攣兩者、前者爲氣管枝發炎、粘膜腫脹、分泌粘液、呼吸中樞興奮、遂起喘息、如因長時咳嗽、肺癆、肺炎等、後者爲氣管枝自起痙攣也、更細辨之、神經性喘息、乃因神經衰弱、抵抗薄弱之人、如恐怖、憤怒等、引起心臟性喘息、起于心臟衰弱、血行無力、肺循環太緩、攝取養氣減少、腎臟性喘息、乃腎臟排泄不靈、身中毒質加多、呼吸中樞遂起喘息、中醫別之有虛實兩者、虛喘者乃元海根微、不司藏納、其症氣升喘促、內熱盜汗、脉氣虛細、實喘者、風寒偶感、膠痰阻于胸中、喘聲連連、不能着臥、面赤顴紅、脉氣頗數、如確認爲虛喘者、可用蛤蚧尾一對、約重三五錢、酥炙化蠟四兩、和作六餅、每用一餅、化糯米薄粥內、乘熱呷之自愈、或與人參同煎飲之、亦妙、但實喘之症、萬勿誤服、而不救、

康按蛤蚧大助命門相火、故書載爲房術要藥、且色

家庭食物療病法

白入肺、功兼人參羊肉兩者、能治虛損瘵弱、消渴喘嗽、肺痿吐沫等症、酥炙口含少許、雖疾走而不喘、則知其力之大效亦可見矣、

七　河豚有毒勿食爲宜

[形性]河豚魚、河海中皆有出產、爲無鱗類之一、其體圓長肥滿、頭部扁至尾漸細、口小、上下兩顎中央有縫合線、皮面平滑、腹部多鈎、背蒼黑有濃黑紋、腹面白色、臀鰭紫赤色、體長約尺許、常游泳水之中層、有物觸之則吸空氣入胃、乃膨脹其腹部、如球浮于水面、其雌者毒質多存于卵巢內、肝臟及血液內略少、肌肉則完全無毒、故可食、雄者之肝臟含毒質最多、其次精液中亦有毒、均宜禁食、食時尤須揀去其子、與嘴目及脊中肝內惡血、及周身脂膜、洗之極淨、烹時更宜潔淨、用傘撑于上面、防煤炱等落入鍋中、諺謂濇(俗音)洗吃河豚、亦極言其要洗得潔淨而但食其肉也、

康按、無論如何、總以勿食爲宜、毋以其味鮮、圖一時口腹而戕其生命、甚則毒斃全家也、慎之慎之、若已中其毒者、可以橄欖汁、甘蔗、蘆根、金汁等解之、或能挽救于萬一、

八　壁丁能退疔瘡

[形性]壁丁乃壁上螺螄、俗名鬼螄螺、形似海螄而小、秋冬常在牆脚石隙中、夏月常蔓沿于濕地青苔上、尤以淴油膩水、廚房相近之處最多、擇雨天收取許多、洗去泥土、約取二十個、研成細末、苦鹽滷調勻、貯罐內備用、

[效方]凡患疔毒惡瘡、腫痛異常、用銀針挑破些許、以末敷上、並用膏藥蓋定、其毒卽收斂、不致化散走黃、待三日後自愈、如未預先備就、可取壁丁臨時搗爛、連殼敷于患處、露頭一點、待明日自膿出腫消、毒化而愈、非常靈效、幸勿忽之、

九　黃鱔血敷赤遊丹

［形性］黃鱔常生存于水岸泥窟中、形似鰻鱺而細長、亦如蛇而無鱗、體赤褐或青黃、多涎沫、長二三尺、頭部下有鰓孔二個、腹中有肺、謂之氣囊、獲之畜于水缸、經數十日不死、

［功能］其肉滋膩異常、能補虛羸、愈痔漏、尤以小暑時者最滋補、力勝參蓍、諺謂小暑裏黃鱔賽人參、是也、與猪肉同煨、鮮美絕倫、亦可劃成條子、入油炒焦、厥名鱔絲、供饍妙品、

［效方］1.小兒赤遊丹、乃小兒胎火胎毒、外因風熱乘之而發、形如雲片、上起風栗、作癢而痛、或發于手足、或發于頭面胸背、令兒躁悶、腹脹發熱、遊赤遍體、紅赤一片、流行甚速、須急治之、自腹而流于四肢者易治、自四肢而歸于腹者難療、宜用磁鋒砭去紫血、以洩其毒、更宰黃鱔一條、取鮮血塗之、大人火㾿、或[illegible]火之症、頭面或腿上紅赤腫熱、流散無定、以鹹水掃上、旋起白霜者是、其色光亮、其熱如火、亦可用黃鱔血敷之、

2.眼內出痘、甚致損明、可用黃鱔魚、將尾煎去半寸、以鱔血滴入眼內、每日三四次、二日後眼內之痘即可消滅、

3.風邪中絡、口眼喎斜、顏面半側痲木、眼瞼不能閉合、嘴角下斜、口唇尖起、飲食不能咀嚼、食而無味、談話不清、或眼皮下垂等、法用黃鱔鮮血、少加麝香、若右喎者塗左邊、左喎者塗右面、待正即宜洗去、蓋黃鱔穿穴、無足而竄、與蛇同性、能走經脉、療風邪也、又一法、用菜刀將活黃鱔切二段、急取其上半段、切斷處緊按所患對方腮部、如左歪按右腮、右歪按左、毋令其血外溢、自覺清涼無比、少停並覺吸力甚大、未及一小時、已將歪處吸正、萬勿吸之過度、過渡反難治、

4.噎膈症、覺食物不能嚥下、如被阻隔、甚至粒米不入、腹中大痛、又如刃割、心中饑雜、大飢而欲食不能、五十歲以上難治、乃憂思悲鬱、痰血阻塞、食膈不暢、妨礙道路、故飲食難進、四絕症之一、法用黃鱔一條、用無灰黃酒、量魚大小、酌加酒多少、煮乾爲度、連皮帶骨、用潔淨砂鍋焙存性、研爲細末、病勢重症、每服

三錢、輕者每服二錢五分爲止、不可多用、黃酒調服、若在上半月其效尤速、若在下半月其效較遲、三服見功、五服全愈、愈後宜淡薄飲食、續吃稀粥、忌一切思慮、籌畫、氣惱、發怒、葷腥發物、酒色房勞、尤宜愼之、犯則反復不可救矣、

第十一章　海產

一　黃魚脊愈奶岩

[形性]黃魚一名石首魚、亦稱黃花魚、多棲于溫帶下近海處、凡淺海泥底之鹹水中、恆有出產、甯波出者最佳、常熟夏季出之尤多、黃魚體側扁、頭部不大、口闊下顎突出、牙齒尖細、背面灰色、微帶靑、腹部淡白而略帶金黃色、去其頭頂表皮、即見蓋骨、且有瑩潔如玉之骨兩枚、堅硬如石、其大如豆、故名石首、身長約二尺、小者祇七八寸、醃魚農人曝乾、作爲一歲食料、

[宜忌]石首魚甘溫、開胃、補氣、塡精、以大而色黃如金者佳、多食發病發瘡、病人尤忌之、醃者爲白鯗、太平所產中伏時一日晒成、尾彎色亮、味淡而香者最良、密收而耐久藏、

[效方]1.乳瘍之不可治者、則爲乳岩、夫乳岩之起、多以老年婦人、憂鬱思慮、積想在心、所願不遂、肝脾氣逆、以致經絡痞塞、結聚成核、初若豆、若棋、並不紅腫、亦不覺痛、經年累月、視若小疾、漸長大而痛、痛則難治矣、腫如胡桃、紫色氣穢、潰爛如坑、凸如泛蓮、疼痛連心、並無膿水、但放血水、遂不救矣、醫者亦無良法、此單方確能治之、將鮮黃魚脊撕下、黏諸石灰壁上、不令著水、久之愈陳愈好、臨用炭火炙成末、每日用陳酒送下、約二三次、服之數月、必效、宜預先製備、行人方便、自己方便、均佳、

2.小兒先天不足、後天失調者、耳內常見流膿、臭穢不堪、聞者厭惡、且極難治、經年累月、延久不痊、方用新鮮石首魚腦中枕骨、文火煅紅、取出候焦、研細、每兩加冰片一錢、和勻、先用棉花捲乾耳內膿水、用此末吹入二三次、即愈、

二　淡菜能療遺精

[形性]淡菜爲介類之一、其壳呈三角形、稍膨大、長二寸、高四寸、皮厚有輪層、外黑色、壳內眞珠色、其肉體前肉柱小、後肉柱大、呈紅紫色、味鮮美、可供食、視爲珍品、

[效方]1. 遺精之因不一、有用心過度、心不攝腎而遺者、有思慾不遂、相火內動、日有所思、夜有所夢而遺者、有壯年久曠、精溢出者、有飲酒厚味、痰火濕熱內動而遺者、或因手淫無度、情慾興奮、睡時飲水太多、膀胱腎脹、仰臥陰部受壓迫刺戟、夢中起幻覺、靑年人多患之、患此者、用大淡菜酒洗、空心代點食之、或與雞蛋同燉食之甚效、外治法、將袴帶紮大腿上、早晨解之、虛人遇交接及勞乏時、用之爲宜、其攝生法、一當屈膝側睡、二勿存淫念、三避身心過勞、四臥具勿太暖、五夜膳後勿飲茶、中夜欲便務速排泄、六、禁食助陽食品、七禁止閱讀引起淫慾之書畫戲劇、八勿食刺戟性食品、勿朝寢、醒後披衣即起、十、忽冷水浴及海水浴、轉居深山田舍之間、避繁華城市、

三　蚶子壳止胃氣痛

[形性]蚶子又稱瓦楞子、產廣東平海汕尾者佳、棲于近陸淺海泥中、江海鹹水均有生產、魁蛤光厚堅硬、稍呈三角形、兩壳膨起、表面有壟、如反輪狀、壳端鉸合、壳外面作淡褐色、壳內呈乳白色、大約五分至一二寸、壳面多生細毛蚶者曰毛蚶、形似蓮子而扁者、爲珠蚶、肉味鮮美、但用開水泡之、勿過熟爲宜、

[功能]帶生啖者、能補新血、體寒者勿宜食、壳能散血塊、消痰癖、用時炭火煅赤、入米醋內淬三次、研粉服之、

按本草云、瓦楞子味鹹而甘、性平、故主消血化痰、治婦人積塊、癥瘕及男子痰癖積聚要藥、

[效方]1. 治胃酸過多之慢性胃病、往往食後不舒、噯逆吐水、胃部作痛、其痛緩緩不止、消化不良、痞脹嘈雜、得噯氣稍寬、早晨嘔吐、吐物黏而酸、氣刺鼻、此症治無速效、可用瓦楞子壳煅灰、每服二錢、即止、

家庭食物療病法

按瓦楞子爲蟶子之壳、其成分爲炭酸鈣、燐酸鈣硅土等、蓋炭酸鈣能中和鹽酸、因胃酸過多而痛者殊合、

2. 走馬疳症、多因小兒痧後花後、瘧後瀉痢之後、身體虧弱、營養不良、口內平素寄生之螺旋病菌乘機爲害、以其如走馬之速、故名、先于口角近旁結塊堅硬如板、沿牙齦或頰內起灰色小爛瘡、漸蔓延腐爛、發惡臭、且覺惡癢、時時以手搔之、牙齒動搖脫落、頰腮亦爛穿、外結黑色痂皮、重者連咽喉鼻部、嘴唇均爛去、若見便泄脚腫虛脫、致死、始則腮頰紅腫、後遂齦爛、色如乾醬、次日其色變紫、隔日焦黑、再過日腐脫齒落、凡穢氣冲入、下蝕咽喉、上蝕鼻樑、齒落無血、涎向外流、黑腐不脫、腮穿透唇、滑泄頻頻、身熱不退、氣喘痰鳴者必死、初起之時、祇須用瓦楞子壳煆末敷之、即能腐去肉生矣、

3. 水火燙症、因火焰、熱氣、滾水、火藥等灼傷、輕者祇發紅斑、甚者發水泡、疼痛亦甚、重者起黑腐、地方小者尚無妨礙、若傷及身體表面三分之一時、多能致死、若火傷腐爛者、以蚶子壳煆灰研末、加冰片少許、患處潮爛者用此敷之、否則用麻油調敷之、

四 食鹽水能救霍亂

[形性及產地]鹽品甚多、海鹽取海鹵煎煉而成、或引海水入池晒成、今遼冀山東江淮閩浙廣南所出是也、井鹽取井鹵煎煉而成、今四川雲南所出是也、池鹽疏鹵地爲畦隴、而塹圍之、引淸水注入、久則色赤、待夏秋南風大起、則一夜結成、崖鹽生于土崖之間、狀如白礬、味鹹、爲食料中不可或少之品、屬天然綠化物之一、有粗細之別、或爲骰子形、或爲細末、色純白或灰白、味鹹、有時稍帶苦味、在空氣中或不變化、或攝收水分而潮解、其主成分爲綠化鈉、此外含有加里苦土石灰質等、

[功能]瀉火潤燥、淸心滋腎、又爲涌吐之藥、及作諸藥引起之品、爲慢性便祕之緩下藥、及咯血吐血時之止血收歛藥、並虛脫貧血時之急救藥、

[作用]少量能催進胃液之分泌、助消化、入腸後促

迫大便排出、

[宜忌]服補腎藥、須用鹽湯爲引者、乃鹹歸腎、引藥氣入本臟也、多食傷肺致哮膨脹水腫之人尤忌食鹽、

[效方]1.大便時時秘結者、或因腸中水分缺少而來、每日清晨未進食之前、先飲鹽湯一杯、日行不懶、大便自暢潤矣、

2.喉痛喉腫喉蛾等症、用七製淡竹鹽冲湯漱之、或以筷四蘸少許、點喉內痛處自效、或用此湯日日嗽口、自無喉症、

3.鹽能戒烟、將吸烟時、先舐食鹽於舌上、則雖吸之、不易成癮、即已成癮者、但令舐鹽而吸之、漸次少減烟量、一月即可斷癮、毫無痛苦、且無後患、按熬烟膏時、試以食鹽撮入和之、即不成膏、可知食鹽確能解烟毒矣、

4.魚肉中毒、其症上吐下利、兩眼球深陷、四肢冰冷、一如霍亂、多因食腐敗之魚類或肉類而起、如宴會流連等、及乾霍亂俗名絞腸痧、並無嘔吐泄瀉等症、但覺胸悶腹痛、宛轉叫喊、欲絕甚者、發病數小時即死、速用炒焦食鹽泡湯、令儘量灌飲、隨飲隨吐、隨吐隨灌、均能轉危爲安、

5.霍亂吐瀉之症、最爲危險、常流行於夏秋之間、一或不愼、即易傳染、多因暴飲暴食、勞働者熱渴時進以大量水飲、胃酸抗菌力減弱、食物不潔、濫進生冷水果、貪受寒涼等而起、其症每起于半夜、故稱子午痧、先則嘔吐、繼則泄瀉、瀉下之物、如米泔水、眞性者腹不痛、小腿抽筋、螺紋癟下、是謂癟螺痧、非常口渴、身瘦極速、面色灰白、顴骨高起、眼圈發黑、週身皮膚發黏汗而溼冷、四肢厥冷、小便全無、乃血中水分全由吐瀉而去也、此時宜速注入食鹽水、少則二三磅、多則五六磅、補給血中水分、大都能轉危爲安、起死回生、惟須請醫生爲之、或入醫院爲安、若一時窮鄉僻壤、難請醫者、以食鹽冲湯多多飲之、亦能挽救于萬一、

6.鼻淵之症、俗稱腦漏、乃因傷風時不潔之涕、流入上顎竇、致發炎紅腫、畜膿漸積漸多、遂遲遲外泄而

家庭食物療病法

出其膿或黃或白臭穢難聞、久而不愈、宜于每日晨起將膿涕哼出後以食鹽泡湯、置于掌心徐徐從鼻吸入轉入口內而吐去每日行四五次爲限久久行之勿惰、自能斷根、

7.打呃者乃橫膈膜痙攣也、多因吸入冷空氣、或飲食不適當、常打呃不止、可以食鹽少許、置舌尖下、待其溶化徐徐嚥下自止、

五　紫菜堪療肺癰

[形性]紫菜爲水菜類藻屬之一、全體扁平、呈廣披針形或橢圓形、稍稍分歧有紅紫綠黑等色、生閩粵海中附石上青色者乾之則變紫色薄如紙張、有腥氣、平時不單獨供食僅售腐花者用作輔佐品、功能消癭瘤脚氣、

[效方]肺癰病、喜飲酒者易犯之、初起胸脅引痛、咽乾口渴、氣喘不能安臥咳嗽不止、吐痰便覺痛甚按之更甚、喉內有腥臭之氣、隨吐膿血其人能右睡而不可左臥、若見大吐血者、肺已爛穿、不可救也、速用紫菜煮熟、連湯飲之、愈多愈妙、更不可加鹽及醬油、雖有腥氣難吃亦宜忍耐食之、非常有效、曾有人患此症、百治不效、入醫院、亦拒絕認不爲治、其友勸服紫菜竟得治愈、洵妙方也、康按紫菜生海中、其中殆含沃度、故治之有效也、

六　烏賊骨止血明目

[形性]烏賊魚、體作囊形、呈灰色、下部叢集八短脚、另有一對鬚狀長脚、肉玉白色、囊中貯有墨汁、逢敵即吐而自隱其蹤跡、其骨爲雪白色長橢圓形、一面稍凹、一面隆凸、由石灰鹽類之結晶針組成、質脆弱異常、又名海螵蛸、成分爲燐酸鈣膠質等、

[功能]通血脈、祛寒濕、溫經止帶、用作止血藥、及爲女子血枯經閉藥、或配合眼藥退翳明目、研末敷金瘡刀傷出血不止

[效方]1.赤翳攀睛、血貫瞳人、用海螵蛸一錢、辰砂五分、乳細水飛澄取、以黃蠟少許化合成丸、臨臥時火上旋丸如黍米大、揉入目中、睡至天明、溫水洗之、

未退、更用一次卽效、或用烏賊骨一兩、去皮爲末、入冰片少許、點之亦效、

2. 耳中出膿、小兒易犯之、終年流水不乾、用海螵蛸五分、麝香一分爲末、先以錫杖蘸盡膿水、然後吹入、

3. 牙痛有因蛀齒者、牙質腐蛀、齒內神經外露、一與空氣接觸、卽劇痛非常、若因齒神經痛者、牙質並無損壞、其痛時發時止、又有風火蟲虛之別、風牙痛者、不甚紅腫、頭痛惡風、火牙痛者、多見紅腫、口渴喜冷、蟲牙痛者、蝕盡一牙、又蝕一牙、腎虛牙痛、齒豁搖動、時常作疼、無論何種、均可用下法治之、用海螵蛸一錢、研末入醋半盅、患者頭部側臥桌上、用羹匙取藥半匙、傾左耳內、歷三分鐘傾棄之、再如法傾入右耳、如是三次自愈、靈效異常、

七 海參滋補功埒人參

[形性]此物之滋補力、不弱于人參、故名、係棘皮動物、形圓長、體柔軟、呈蠕蟲狀、皮層黏滑、內有小骨片、一端有口、一端有肛門、能伸縮自如、口內有石灰管、日則潛伏、夜則以水管足、及體內筋肉扭動而匍行、時時拳曲、以鉤取食物、產海灣泥底者、色多青黑而質軟、產外海岩礁者、色多黃褐而質硬、捕之曬乾、可供食品、以明似玉潔白者、名明玉參、爲最佳、

[功能]補腎益精、壯陽通腸、除勞怯之症、宜先用冷水浸透、除淨沙腸、炭火煨極爛、柔軟異常、宜與豬肉同煮、尤爲味美滋補、

八 昆布消癭瘤瘰癧

[產地]此物形長似布疋、故名、多產于暖海、而寒海間亦有之、世界之名產地、如加拿大、太平洋及大西洋北部、南美西南海岸所產一種、葉柄直徑、達于六十生的邁者、南冰洋所產、有達六百餘尺者、吾國沿海諸省所在都有、閩廣尤夥、

[形性]全體革質、下生假根、藉以附著海中岩石、歧如樹根、其分歧末端、各爲圓盤狀、令附著强固、不致爲海水冲去、假根部之上、爲短而略圓之葉柄、其葉種類各異、長自數百尺至一二千尺、幅廣四五寸至

一尺、質柔軟黏滑、中含葉綠素、外含褐色色素、昆布煮沸時、即失褐色而現青色、其性鹹寒、

[成分]含有碘一・二三%、灰分三・二四%、水分二三・〇八%、粗蛋白七・一一%、粗脂肪〇・八七%、無氮物四七・七%、纖維一〇・〇九%、

[功能]消癭瘤瘰癧、疝氣水腫、破積聚痰結、又治淋巴腺炎、肋膜炎、

[作用]在胃中僅將含有碘質分出幾許、而成碘化物吸收入血、能撲滅血中病原菌及腐敗質、更能促進細胞之新陳代謝作用、且可將一切粘膜滲透質、重行吸入、故有退炎之功、

[宜忌]宜用米泔水浸一宿、洗去鹹味、若脾胃虛寒、便泄者勿食、

[效方]1.瘰癧症、多發于耳前後、連及頸項、下至胸脅、初如豆粒、漸若梅李、一粒或數枚、纍纍如貫珠、按之微痛、日以益甚、頸項強掣、午後微熱、食少疲倦、堅而不潰、或潰而不合、流泄黃水、經年不愈、若見男子太陽青筋暴露、潮熱咳嗽、自汗、女人眼內紅絲、經閉骨蒸、必成癆瘵而死、乃一種淋巴腺結核病、俗謂痰癆、患此者身體衰弱、神經銳敏、肌肉瘦削、不易就痊、考其原因、乃人體內缺乏一種碘質、昆布內含有豐富之碘質、故患此者宜多食此種昆布、自能就愈、

2.項下卒腫、其囊漸大、此乃癭症、西醫稱甲狀腺腫、乃甲狀腺分泌異常及交感神經系病、甚者頭如懸瓜、間有眼珠亦突出、亦宜常食昆布、或為末蜜丸如杏核大、時時含汁嚥下、自痊、

康、按昆布得水氣以生、故味鹹氣寒、而性無毒、鹹能軟堅、其性潤下、寒能除熱散結、故主十二種水腫、癭瘤結氣、瘻瘡、癭堅如石者、非此不除、正鹹能軟堅之意、

第十三章　補品

一　燕窩癆病聖藥

[種類]燕窩、為金絲燕以唾液及以他物質所釀成窩巢、係營于斷崖峭壁之上、形狀如兜、其純用唾液

造成者內包織維質類假海綿珊瑚之屬、排列無序、其質白色細文、侵水則柔軟漲大、蘇門答臘產者、色純白而不耐火、暹邏產者、稍有黃黯、最耐燉、香氣甚烈、均爲貴重之補劑、價昂貴、非富有之家不辦、天然燕窩之品質不一、上品者、曰頭水暹邏燕、質白光潔透明、囊厚內有網絲、落水膨脹力甚大、一錢貨品、能漲至一兩七八錢、此爲第一次營巢、故又曰顯水燕、其精力最足、其第二三次營巢、[illegible]囊薄、而色白黃帶灰色、或間有紅斑、質地已薄弱、膨脹力亦大減、每錢祇可發至七八錢、產南洋各島爪哇岩穴者、曰洞燕、在飼養室營巢者曰厝燕、洞燕呈糙米色、質堅間有細毛、厝燕色白、質鬆毛少、落水漲力雖亦有一分至十分可漲、然一煮即烊、其力遠不及天然頭水燕之強、

懕燕產龍牙島者、曰龍牙燕、以囊厚色白有神、內有網絲綳滿者爲勝、福建爾涼沿海產者、夾毛多者、名曰毛燕、亦以肉厚色白有神、紅根、毛輕、每只有籐串眼者、曰牡丹毛燕最佳、其他囊薄毛色白帶灰黑者

次、大抵採下之後、不加整齊、亦不精製、乃浸于水中、弛其結合、除去羽毛及其他夾雜物、再乾燥之、

[辨別]他如天然者、與日本人造品、各有區別、天然品色澤較潤、有神光、雖夾雜有毛、出于自然、且有鯛魚味、人造假僞者、色呆白無神、質粗略堅硬、有海藻氣、或全無氣息、以此分辨、一無遁形、天然燕窩、以帶紅紫色者爲最上品、白色亦佳、黑而多毛者最下、

[採取]金絲燕爲維持自身生活安寧起見、故營巢于斷崖絕壁、而非常危險之島上、以避人跡、約費三月工作、方能成功一窩、土人于其未產卵以前、採取其窩、海燕乃再築第二窩、一月落成後復被採取、更再築第三次之窩、燕產卵後、不數日卽孵化成雛、發育甚速、有早春近冬兩期、俟小雛長養成燕、母子乃離窩他去、採者乃可得第三次窩矣、或云、欲得上品燕窩、須于幼雛羽毛未發育長成時卽採之、若已飛去者、則呈黑色、且帶血痕、甚或羽毛交雜、幾不可用、大概在陰曆四月、八月、十二月間採

家庭食物療病法

取最佳、
燕窩築於危崖絕壁、採取非易、業此者每先覓鮑魚
爲導綫蓋燕窩之下必有鮑魚、先持鐵鏈輕擊鮑魚、
鮑魚卽緊吸石壁、其勁力甚大、乃一足踐其上、手持
其一、如法再擊、乃可循綫而上、旣達目的地、得燕窩、
後復順綫而下、隨下隨將鮑魚剷下、故旣得燕窩、復
可得鮑魚、一舉兩得也、

又法畜養善解人意之小猿猴、以小布囊盛果餌、與
之、縱之使去、俾遠出不饑、猴善揉升、不虞跌仆、故善
採取、惟猴之拙者、歸後傾囊不過數斤、黠者則不然、
每將所帶果餌傾去、將燕窩塞滿囊中、而所得不貲
矣、惟此小猴非數百元不辦、

或云南洋羣島土人、常乘小舟、見有燕窩、卽背掛網
籃、腰繫長刀、用繩攀援而上、俟採得燕窩後、置籃內、
復依繩而下、惟危險殊甚、偶不小心、卽落海中而膏
魚腹、得之殊難、故此珍貴也、

日本人造之燕窩、乃將一種海藻、漂白而後凝成、能
以僞亂眞、

〔成分〕分析結果之營養成分、爲水分一〇・四〇%、含窒素物質五七・四〇%、脂肪〇・〇九%、窒素越幾斯二二・〇%、纖維一・四〇%、灰分八・七〇%、但其中所含之蛋白質入胃後消化、不若鷄蛋白之易、

〔功能〕大養肺陰、化痰止嗽、補而能淸、爲調理虛損癆瘵之聖藥、一切病之由于肺虛不能淸肅下行者、皆可治之、

按燕窩味甘淡微鹹、爲補品中之最馴良者、養胃陰、滋肺津、潤燥澤枯、生津益血、止虛嗽虛痢、理膈上痰熱、病後諸虛、尤爲妙品、治高年虛瘦虛瘧、小兒胎熱及痘疹元虛頂陷者最效、今人以之調補虛損癆瘵咳吐紅痰、每兼冰糖煮食、往往有效、一切病由肺脾氣虛、肝陽上擾、不能淸肅下行、皆可治之、久任斯優、若陰火方熾、血逆上奔、雖服亦無濟、以其力柔無剛毅之性也、每枚須重一兩以上、色白如銀、瓊州人呼爲崖燕、力猶大、一種色紅者、名血燕、能治血痢、兼補血液、有表邪人忌之、

今人用以煑粥、或用鷄汁煑之、雖甚可口、然已亂其清補之本性矣、冰糖亦不宜多入、恐其甘壅、否則豈能助肺金清肅下行也、

〔效方〕1. 年高之人痰喘不止、多屬肺腎兩虛、可用秋白梨一個、去心、入燕窩一錢、先用滾水泡過、再入冰糖少許、每日清晨服下、甘美潤肺補腎、但勿間斷、自能痊愈、

2. 噤口之症、痢下無度、嘔吐不止、全不思食、胃氣空虛、最爲危候、速用白燕窩二錢、人參四分、水十分、隔湯燉熟、徐徐食之、

3. 老年瘧疾、或久瘧不止、或小兒胎瘧、久而不愈、時發時止、面色痿黃、營血日耗、四肢乏力、可用燕窩三錢、冰糖三錢、先一日燉透、至富日瘧作之前一小時、加生薑三片、滾三次、將薑取去、服之、倘胃不納、但啜其湯亦可、一劑不愈、再煎一劑、無不愈矣、

二　哈士蟆消水臌

〔形性〕哈士蟆產哈爾濱等處、形類蛙蟆、色赤褐、常居萬山之中、食參葉參苗、富有脂肪、傳說食參脹死、故今人嘗用爲補品、土人獲之、曝乾出售、購者剝開其腹部外皮、內有耳膜狀之物、色黃白新鮮者爲上、帶褐者已陳宿矣、帶有黑屎甚多、宜揀去之、食時宜隔宿清水浸之、其漲力甚強、一撮少許、可漲成一碗、形如豬油塊、作透明白色、少和冰糖煑食、入喉潤滑異常、其滋補之力、不亞于白木耳、而價較銀耳賤、爲平常人最適宜之補劑、

著者按、其補力較之白銀耳、有過之無不及、蓋一則動物、一則草本、有情之物、定勝于無情之物也、惜產此物之地、已爲強鄰暴奪而去、此物已屬仇貨、提筆至此、不勝感慨系之也、其功能本草未載、以康之經驗、其效能補精滋陰、腎虛者宜之、

丁氏醫案云、凡患臌脹者、每日用哈士蟆二錢、泛水如銀耳狀、煎服連湯食之、如法食兩天後、即小溲暢解、且時時頻轉矢氣、腫脹漸消、按哈士蟆爲益腎利水之品、故能應效、洵是虛脹之妙品也、

三　白木耳補肺止咳

[產地]白木耳又名銀耳、產于四川貴州湖北福建等地、尤以四川重慶通江太平等縣所產者最佳、質厚而淨潔、色更純白、又有一種用硫黃薰過者、色雖白而不堪食、近有一種金耳者、性質相似、乃並未漂過耳徒、美名號召也、

[形性]銀耳乃松木上之寄生菌類之一、形似鷄冠、濕時觸手有膠汁、而色白、乾則變爲角質、色轉黃、收縮力甚大、能縮小至二十五分之一、遇水則膨脹、遇燥而乾縮、卽其膠質之生殖體所起之作用也、厥味淡薄、可供食及藥用、吾國視爲珍品、

[功能]其性甘平無毒、能潤肺生津、滋陰養胃、益氣和中、補腦強心、

[主治]肺燥咳嗽、久咳喉痺、痰中帶血、或絡傷脇痛、肺痿等症、

又治大便下血、婦人月經不調、尤能去面上黑斑、美容顏、

[煮法]先用清水浸一宿、然後入鍋煮片刻、加白文冰食之、

[宜忌]凡癆瘵病、陰虛火旺之體、煩熱乾咳、或痰中有血等症、以作滋養調補之品、爲最宜、若風寒犯肺、濕熱釀痰咳嗽、皆爲禁忌、

著者按、木耳白色、形似肺葉、乃由長形細胞組織而成、與吾人肺氣管枝有多數氣泡之組織相同、其漲縮性且較肺尤強、其性喜陰多陽少、陰靜之地、寄生于老朽枯木上、結土間、得天地清淨之精氣爲足、亦與吾人肺臟具清靈肅殺之氣、皆相類、更無論攝氏○度以下之寒氣、亦不枯死、故對于寒氣抵抗力甚強、其形質之堅強可知矣、其形氣既均同于吾人肺體、而質性較強於肺臟、故以作肺臟之滋養品、可無疑義、

四　人乳補血潤燥

[形性]人乳爲白色不透明稀薄液汁、味和而甘、凡入藥或服食、須取首生男孩而無疾病婦人之乳、乳

色潔白而稠者佳。

人乳無定性、其人和平、飲食冲淡、其乳必平、其人暴躁、飲酒食辛、或有火病、其乳必熱、凡服乳須熱飲、爲妥、小兒選擇乳傭、尤爲緊要、須擇面貌端正者、俗謂吃奶像三分也、不可不注意。

[成分]人乳之成分、由飲食、起居、動靜、神思等而異、其量大抵爲水分八七・七三至八八・五五、蛋白質一・五三至二・八一、脂肪二・九七至三・五六、糖質七・六一至四・八二、鹽類〇・一六至〇・一一。

[功能]補血潤燥、止渴明目、用作強壯劑、亦爲滋潤緩和藥。

[主治]補五臟、令人肥白悅澤、療目赤痛、多淚。

[宜忌]凡臟氣虛寒、滑泄、多痰以及消化不良之人禁食、服時最宜加砂仁末少許、燉溫服之、尤能開胃健脾、不致滑泄、有孕之乳、謂之忌嬭、小兒飲之、吐瀉成疳魃之病、最爲有害也、乳傭宜選身體康強、乳汁充足者、萬勿僱有花柳病、肺癆病之人、尤爲切要、俗

服人乳多瀉、遂歸咎于人乳、不知人乳若能發瀉、則嬰兒盡富脾泄矣、惟乳與食並進、便爾溏泄、大人飲食既多、又服人乳、何怪其欲瀉矣、最好于夜間食之、昨日之食既消、明日之食未進、正相宜也、飲人乳爲補者、于此須三注意焉。

[效方]1.凡氣血衰弱、痰火上升、中風癱瘓、手足疼痛、不能動彈、以及虛損癆瘵、可用人乳兩盃、香甜而白者爲佳、以好梨汁一小盃和勻、頓滾、每日五更一服、功能消痰補虛、生血延壽、此以人補人之妙法、確能却病延年、幸勿忽之。

2.參乳丸 用人乳粉、人參末、和勻、煉蜜爲丸、服之大補氣血。

3.腎水虛少、肝火上淫、目赤腫痛、以人乳浸黃連、點之神效。

4.小兒吐乳、乃乳積不化也、可用乳汁一盃、另燃炭火一盃、取古銅錢數枚、銅絲繫之、持炭火上燒極紅、淬于乳汁中數次、以灌小兒、可消乳積、吐乳亦愈矣、良方也。

康按、人乳乃陰血所化、生于脾胃、攝于衝任、婦人未受孕時、則下爲血水、既受孕則留而養胎、已產則赤變爲白、上爲乳汁、其味甘、氣平無毒、入心、入腎、入脾、潤肺、益壽延年之聖藥也、氣血之液、故能補五臟、五臟得補、則氣血充盈、而體自肥白悅澤也、內經曰、目得血而能視、乳爲血化、故能療目赤痛而多淚、又食譜云、乳汁甘平、補血充液、塡精益氣、生肌安神、益智長筋骨、利機關、壯胃養脾、聰耳明目、本爲氣血所化、初生藉以長成、強壯小兒、週歲卽宜斷乳、必繼穀食、始可培植後天造物之功、不容穿鑿、故大人飲乳、僅能得其滋陰養血、助液濡枯、補腎充飢而已、設脾弱氣虛、膏粱濕潤者飲之、反有滑泄釀痰、減餐痞悶之虞、且乳無定性、乳母須擇肌膚豐白、情性柔和、別無暗疾、不食葷濁厚味者、其乳汁必釀白甘香、否則清稀腥濁、徒增兒病也、且乳母切勿動怒發火、不然則小兒易生瘡瘍、

五　牛乳治反胃噎膈

〔形性〕牛乳爲白色溷濁液、而稍帶黃色、近多由牧場裝瓶出售、

〔檢別〕欲鑑別牛乳良否、試將牛乳滴落指甲上、作球狀者爲鮮良之物、若滴下後卽流落者、爲不良、或用茶盃貯清水、將牛乳滴落數滴、其中如所滴落牛乳直沈水中、則爲良品、不沈者滴落後卽散開、爲不良、腐敗之牛乳多作漿狀、其表面有絮狀之凝固物、嗅時作醋味、煮熟後有一種如葛粉之凝固物、此乳已不能供用、不若傾棄之爲妥、

〔成分〕普通動物性食物、富于脂肪、蛋白、而少炭水化物、植物性食物、富有炭水化物、而少脂肪、蛋白、獨牛乳中脂肪、蛋白、炭水化物三者、均有適當含量、故牛乳爲營養品中最適宜者、

其成分如下、水分八七・三九、固形物一二・七一、脂肪三・六八、蛋白質二一・一六、乳糖四・六三、蛋白〇・一、灰分〇・七三、但因牛之種類、年齡、季節、飼養、勞動狀態、而略有參差、大概春夏時脂肪量少、秋冬時多、又食物粗惡、或激烈勞動者、乳汁中水

分多、

[功能]常服能補虛羸、止渴、養心肺、潤皮膚、老人尤宜、凡病後虛弱、補益虛損、大便燥結者宜之、滑泄者勿與、

[宜忌]小兒食牛乳不甚相宜、當以母乳爲最適當、故廢母乳而改用牛乳者、有百害而無一弊、一般婦人因貪安樂、而哺小兒以牛乳或代乳粉、是不知衞生、不知愛子也、然母親無乳、或因病不能哺乳、當僱乳傭、如難覓適當者、不得已方始哺以鮮牛乳或代乳粉、服時必煮一二沸、再候冷啜之、熱食卽壅、牛乳易爲傳染病之媒介、不可不慎、牛乳罹傳染病、其病毒現于乳汁中、最多見者爲結核菌、故近多採用消毒法也、

[效方]噎膈者、膈塞不通、食不能下、由于氣血虧損、復因憂思悲鬱、則施化不行、痰氣阻塞、不通膈間、不暢、妨礙道路、飲食難進、反胃者、飲食能入、入而反出、由于脾胃陽虛、運行失職、不能熟腐水穀、變化精微、朝食暮吐、暮食朝吐也、用牛乳半斤、韭菜汁少許滾湯頓服、名韭汁牛乳飲、或用牛乳六分、韭汁薑汁藕汁梨汁各一分、和服、名五汁安中飲、按反胃噎膈、由火盛血枯、或有瘀血寒痰、阻滯胃口、故食入反出也、牛乳潤燥養血爲君、韭汁藕汁消瘀益胃、薑汁溫胃散痰、梨汁消痰降火也、

六　豆腐漿可醫哮喘肺癰

[形性]豆腐漿係將黃豆浸胖、磨成豆乳、煮熟後尙未點化者、

[功能]清咽祛膩、解鹽滷毒、治鹽哮脚氣、腫痛難步、瀉熱下氣、利便通腸、滋補與牛乳同功、凡人每日清晨服豆漿、大有補益、嫩肌駐顏、可免癆損之患、

[效方]1.鹽哮之症、因多食鹹味、致哮喘不止、用豆腐漿蔗糖少許、日日早服一大碗、不間斷、百日自愈、

2.痰火哮喘、可用飴糖二兩、豆腐漿一碗、煮化燉服自愈、

3.婦人血崩、下血不止、大抵因產育過多、衝任不固、或產後胞衣脫落太急、或因扯拉卵膜、或胎盤碎片

遺留子宮、收縮不全、周圍血液滲出、尤以老年經血將淨婦人爲多、甚者成團成塊、驟然昏厥、不省人事、噤口咬牙、冷汗如冰、一厥不返、速用生豆腐漿一碗、加生韭菜汁半碗、入漿內、空心服一二次、

4. 產後虛弱、用頭鍋腐漿一碗、腐皮一張、生鷄蛋一個、打碎、充漿內、再加桂元肉十四枚、白糖一兩、亦入漿內滾服、多食爲妙、

5. 大便燥結、糞後便血、用生豆腐漿七分、地栗汁三分、約共一茶碗、將豆腐漿熬滾、和冰糖少許、冲地栗汁、空心溫服、按地栗甘寒而[illegible]、開胃消食、除積止血、豆漿清熱散血、下大腸濁氣、

6. 肺癰者、肺葉潰腐、咳嗽痰紅、或吐膿液、喉內腥穢、若潰穿肺內大絡、口吐鮮血、不可治矣、用生豆腐漿冲陳芥菜滷半酒杯、服後胸中一塊、塞上塞下、塞至數次、方能吐出惡膿、卽痊、

七 蜂蜜潤肺止咳

[形性]蜂蜜純良者、爲淡黃色稠黏液體、經時稍久、則呈顆粒狀、有清香及甘味、乃蜜蜂吸收花之糖質、後由一種嘔吐作用、釀貯于蜜巢者、又有一種生岩石者、名石蜜、在高山岩石間、色靑帶酸、近養蜂場所出蜂蜜、品質大都精良、可供補劑、

[成分]其成分爲多量糖汁、其他略有含淡物、花粉及水氣、

[功能]補中益氣、潤燥滑腸、有鎭逆止咳、通便滋喉之效、

[宜忌]蜂蜜生涼熱溫、不冷不燥、得中和之氣、西北高燥、故人食之有益、東南卑溼、多食傷脾、戀濕陰虛火盛者宜之、

[效方]大便燥結、身體虛弱、不堪峻瀉、恐傷元氣、用蜜煎導法甚妙、此卽西醫甘油栓之法也、用蜜蜂二合、銅器內微火煎之、候凝如飴狀、至可爲丸、乘熱捻作挺子、令頭銳、大如指、長半寸許、候冷卽硬、摻皂角末少許、納肛門中、須臾大便自通、潤而下矣、

著者按、蜜本花木精英、生則性涼淸熱、熟則性溫補中、凡咳嗽形枯、無不借其氣潤、以投陽明燥結大便

不解用蜜煎導能通潤而不傷脾胃若作滋補藥用、可以白蜜爲丸取其和胃潤肺、

八　珠粉鎭心嫩肌膚

[產地]珍珠產區頗廣以廣東廣州合浦產者爲正、地道近日所出頗少以南洋印度日本等各海灣爲多、

珍珠母常黏附於深二丈至六丈海中岩礁上大者、三寸至六七寸形扁平外現茶褐色或帶紫色如牡、礪殼內面有眞珠狀光澤甚美麗外叢生無數如絲、之毛色黑綠偶產貴重眞珠又潛生于湖沼池澤等、淡水中之蚌外黑如漆亦產眞珠、

[形成]珠介乃蚌等在水中生存時偶有微細之小、生物或砂粒等竄入殼中外殼膜殊覺不適遂分泌、眞珠質與殼內有光澤之物質相同被覆而保護己、體試查眞珠大抵存有砂粒外餘爲無數薄層叠積、而成今東西各國卽利用此法盛行飼養珠母、

[選別]眞珠形狀大小色澤互異有球圓長圓之別、最小者如芥子最大如大豆色有白藍黑褐諸種質、堅微透映如銀光澤海產尤佳重自一毫至三分正、圓者爲貴眞珠須要未經鑽綴者研如粉方可服食、油汚者宜用豆腐洗之、

[成分]爲炭酸鈣九一・七二動植物質五・九四、水分二・二五、

[功能]瀉熱潛陽安神定驚磨翳明目或專作眼科、藥又作解熱解毒藥鎭心去膚翳障目塗面內服令、人潤澤好顏色綿裹塞耳除聾更能生津液溫病舌、絳宜之、

[效方]腰疼至五更時更劇其疼也日間又可忍每、至夜半漸甚以珍珠粉五錢分十包每晚用開水吞、服一包此方係裴君所告據謂曾犯此症中西名醫、遍治無效疼之地位在丹田之後所謂命門之處後、得此方竟告霍然特爲錄出但此方藥價非百金不、辦非富有之家斷難照方措辦也、

康按珠稟太陰精氣而成故中秋無月則蚌無胎其、功効多入陰經其色光明其體堅硬味甘微鹹氣寒

無毒、入心肝兩經、蓋心虛有熱、則神氣浮游、肝虛有熱、則目生翳障、故能鎮心、明目、耳聾木腎虛、甘寒所以主之、至於外用長肉生肌、尤臻奇效、

九　人參救病危虛脫

［名稱］參之形態、如人、今則徒擁虛名、蓋參之如人者甚少、耳參因產地、品質、色澤等、藥商各創新名、以眩奇異、最普通者、如吉林參、野山參、老山參、東洋參、高麗參、潞黨參、珍珠參、太子參等、

［產地］人參著名之產地、如中國、高麗、日本等、中國以吉林省、遼甯東之長白山、及甯安縣、野生者最佳、山海關以東所產者、稱關東人參、吉林南境、濛江迤東、如南嶺北山等處、參營遍地、皆由人工栽種、功力薄弱、近市上所買者、皆此類也、

大抵天然野生者、均在上述各處山陰、若在山陽者、易受動植物侵害、得之甚稀、蓋人參生于極濕潤之處、故稟性屬陰、不若其他植物、喜受日光、獨參見日即爛、故多生于深山密林之中、賴濕潤以生長、產參區域、山勢極多險峻、週圍千餘里、皆崇山大川、環繞其間、森林茅草、遮掩遍山、晨起視之、瘴霧迷漫、經年不見日光、寒風透骨、甚至有終年冰雪、不能溶化之處、

［形狀］人參乃參之根、長六七寸、肥至四五分許、短者二三寸、分歧略如人形、或缺臂少腿、或形如蝦蟆、種類甚多、大概似人形者、十之六七、形似他種動物者什之二三、外皮姜黃色、內部類白色、稍帶柔韌性、味甘微苦、有芳香氣、

［種類］參有多種、如野生、種植、移植等、茲分別臚述如下、

1。大山參或野山參、乃野生于山中者、價有至數千兩者、年愈久則價愈貴、辨別其年數之法、可視其莖外之目點、即知一種老山參、產于長白山中、年恆在二百以上、至少、六十年、能補將絕之元氣、爲最上品、凡生于山中、在數十年以上者、均曰大山參、遼東所產眞人參、連皮者色黃潤、如防風、去皮者堅白如粉、肖人形、有手足頭面畢具者、有神草之稱、產于地

家庭食物療病法

質最厚處、殊難得且產參之山、多虎狼毒蛇、故採者常有傷生者、所以野山之人參、彌足珍貴也、

2. 扒山參爲山野自生苗、將出未出之際、被獵人或禽獸踐踏、參苗復陷入土內、再經數十年後、其苗再萌、爲採參者所得、名扒山參、功力相同、惟形較異耳、

3. 移山參亦屬野生、年在三五十歲之上、爲採者所見、明知年限尚少、又恐被他人採去、乃將其參苗掘起、再行移植培養于園圃、品質較次、其功力較之野生者、約百分之六十五、

4. 秧子參亦稱養參、乃以參籽播種園圃而成者、十月下子、如種菜法、植于深山背陰處、春生苗、初生小者三四寸、一椏五葉、四五年後、生兩椏、末有花莖、十年後生三椏、年久者生四椏、葉各五瓣、中心一莖、俗名百尺杵、三四月有花、細如粟、蕊如絲、紫白色、秋後結子、如大豆七八枚、生青熟紅自落、秋冬採者堅實、春夏採者虛軟、每斤價祇銀二兩至十餘兩、功力大差、祇有野生者十分之一、今市肆所售者皆是、

[鑑別] 小大山參、其嫩皮如綿而實堅、紋細而膩、蘆頭與鬚之旁、天然長成珠結、一年一結、蘆長二三寸許、細驗其珠結之多少、即可知其年齡、人參野生者、歷年愈久、性愈溫和、其精力愈足、因其吸天空清靜之氣足、受地脈英靈之質厚、故效巨也、產野參之地、樹木秀華、枝葉堅茂、蓋其土性特佳也、

2. 種植之參、皮粗、上身有紋、亦係製作、而無珠結、亦不能僞作、以此辨之、眞僞立見、形色白秀、體鬆瘦長、多糙紋、味甜無餘味、近人所謂白抄參、太子參皆屬之、

3. 高麗參、亦多屬種植而成、體多虛軟、味薄亦不苦、

4. 潞黨參、乃潞州上黨所產、味厚體實、古以爲上品、今則地道全非矣、大要人參以色澤光潔、體圓質熟、肉湛、四項兼者爲上、

[等級] 參至店家、必逐一細檢、分等次第、以定售價多少、其名目約可分十等、一稱拔頂、老熟紅潤圓錠、全段是肉、每枝重一錢至四五錢、又謂塘西貨、此爲最佳、二稱統頂、細紅皮肉、圓湛、每枝重六七分、八九分或一錢、三稱二頂、亦細紅皮肉、惟色滯稍較熟、身

瘦怯、每枝重六七八分者、四稱次頂稍薝綹、或色滯、或瘦長、每枝重五六七分者、五稱大揀熟圓湛短壯、每枝重四五分、六稱中揀熟、色滯身長、每枝重三四五分、七稱中熟圓湛、每枝重二三分、八稱小熟、重約一分半至二分、九稱條小熟、身長圓瘦、有頭尾、一分以外重者、十稱短中、細紅圓湛、重約一分上下、

[辨僞]近貪利之徒、每以防風、沙參、薺苨、桔梗等藥、僞造人參、江浙有一種土人參、苗葉及根、均似桔梗、體柔氣香、其味甘美、較眞人參稍淡、亦薺苨之屬、又有一種野萊菔根、形狀宛似人參、又以山梔甘草等物、次第煮味於中、殊難辨別、惟色澤不甚光亮、煎湯亦生香味、但渣不肯爛、惟脹胖耳、

辨僞之法、沙參僞作者、體虛無心而味淡、薺苨製成者、體虛無心而味甘、桔梗僞製者、體堅而有心味苦、惟人參則體實有心、味甘而微帶苦、且有餘味、此其特點也、

因參價日昂、市儈惟利是圖、恐仝假之貨、易破人識破、每以假鑲眞、如以短接長、謂之接貨、以小併大、謂之合貨、做成枝椏一色、宛如天衣無縫、必先以水潮過、原汁已出、又用粉膠粘紮、蒸烘做成、一時眩惑人目、難以識別、名曰金鑲玉嵌、必細心審察、方不受欺、亦有用眞參泡過、原汁自啜、更晾乾烘燥、做色加味、復行出售、謂之湯參、造僞形色不一、難以盡述、宜善辨之、

[採取]長白山北、處處產參、清初曾禁止採挖、故參客諱參曰棒槌、採參者之棒曰孛羅木棍、採參曰放山、其採取期、可分三期、初夏時謂放芽草、其時參苗苗發、百草尙稀、故覓參苗尙便、夏末秋初時、謂放黑參、草木叢叢、最爲難覓、秋季謂放紅頭、此時參頂結子淺紅、故識之頗易、採參者有頭目、名山頭、領夥伴入山搜參苗、相偕而出、尋各人距丈餘、執木棍於荊棘叢中、撥草尋找參苗、參苗高數寸、每平分數莖、每莖各有五葉、形如手掌、若曾見參苗後、卽招集同伴發掘、先掘其四週、然後漸掘至近身、一面起土、一面剔去附土、恐傷其根鬚也、挖出後、乃以青苔包之、外覆樹皮、大者每枝有二三兩、

[焙製]人參生用宜㕮咀、熟用宜隔紙焙之、或用熱酒、潤濕、並忌鐵器、其製法、俟參出土後、先用小毛刷洗刷淨泥土、以沸水煮半熟、刷去浮皮、更用白線小弓剔盡紋中塵土、再以冰糖熬成淸汁、將參浸漬一二日、然後陰乾者、此卽白參、若欲製紅參、可再排于蒸籠上、(此種蒸籠、乃特製者、係馬毛製成)蒸熟、火力大小、務須適當、若過度則太爛、少蒸則易腐敗、須憑經驗、後排在長方形火盤內、文火烤乾、約經一晝夜、須至不黏膩、亦不過燥爲度、更移坑上、徐徐收乾至八九分、始畢事、

[貯藏]人參見風日、易于蛀壞、宜與茶葉相間以藏之、經久不壞、

[成分]人參之有效成分、曰巴那規倫、爲黃色無晶形之粉末、易溶于水及酒精中、有如甘草之甘味、及苦味、又據藤谷氏之發見、則爲雪白色無晶形粉末、味純苦、其眞實成分、尙難證明、

[效能及作用]本草載人參能補五臟、通血脈、安精神、定魂魄、止驚悸、令人不忘、開心益智、久服輕身延年、近據研究、專治心臟衰弱、及神經衰弱之消化不良症、爲唯一補劑、大補元氣、添精神、生津液、久病元虛將脫者、用之無異一種強心劑、病後欲求恢復元氣者、可常服之、

入胃後能助胃之消化力、一部分與胃酸化合、而含水炭素與類似葡萄糖之糖質、至小腸始被吸收、入血中、能促進血液之運行、助長血球之產生、使精神興奮、體力強健、故人參之主要效力、爲強壯藥、凡肺癆、神經衰弱、陰萎、遺精、衰老、貧血、與腎臟藥、子宮病、及一切體力消耗之病、皆可用之、更于神經衰弱之頭痛眩暈、尤有特效、

[宜忌]體實濕盛之人不宜服、服則腹脹、可用萊菔煎湯解之、以萊菔與人參乃相反也、因此服人參爲補劑者、勿食萊菔、

久用人參、則呈頭痛、頭重等、腦充血、及便祕、胃呆、腹脹症狀、火炎氣上、咳嗽吐痰、吐衄、勞瘵、內熱、骨蒸、陰虛火動之候、更有痧疹初發、斑點未透、傷寒始作、邪

熱方熾、切勿誤投、喘嗽勿用者、乃指痰實氣壅之喘也、若腎虛氣短喘促者必用、

[效方]1.獨參湯、凡失血之症、如嘔血吐血、盈碗盈盆、婦人血崩、經血大下、創傷出血等病、危欲脫、速用上好人參一枝、濃煎灌入、定能起死回生、挽正回陽、此血脫益氣之法也、

2.產後血暈、厥冷欲脫、速用人參、當歸二味、煎之灌下、

3.氣虛久瘧不已、用人參同薑皮水煎、露一宿、五更溫服、

康按、人參得天地精英純粹之氣以生、與人之氣體相似、故于人身無所不補、非若他藥有偏長而治病各有其能也、凡補氣之藥皆屬陽、惟人參補氣而體質屬陰、故無剛燥之病、而又能入于陰分、最為可貴、然力大而峻、用之失宜、其害亦甚于他藥、今醫家用參救人者少、殺人者多、何也、蓋人之死于虛者十之一二、死于病者十之八九、人參長于補虛而短于攻疾、醫者不察、不論病邪之已去未去、于病久體弱、或富貴之人、皆謬然用參、一則過于謹慎、一則借以塞責、而病家亦以用參為盡慈孝之道、不知病邪未去而用參、猶關門揖賊、邪氣留戀、得火愈熾、故曰殺人者多也、或曰、人參亦草根也、與人殊體、何以能驟益人之精血、蓋人參乃補元氣之藥、元氣下降、不能與精血流貫、惟參能提之使起、如火藥藏炮內、不能升發、必賴藥線以發之也、故人參為救危妙品、病危者當以獨參湯灌之、蓋人氣脫于一時、血失于頃刻、精走于須臾、陽絕于旦夕、他藥緩不濟事、必須用人參一二兩、作一劑煎服、以救之、否則陽氣遂散而去矣、此時未嘗不可伍入他藥、共相挽回、惟恐牽掣其手、反致功效緩耳、一至陽回氣轉、必當佐以他品相濟成功、

十　西洋參補肺清虛火

[產地]此藥原出美國、產于北加羅里那州、及加拿大地方、故又稱花旗參、專運銷中國、以前由法蘭西

人販買而來、故訛爲西洋參、有野生及栽植二種、或將野生者移植、經四六年採根曝成、

[形狀]形態大小不一、皮青褐色、形似遼參、以皮細潔切開中心不黑而大者良、市肆以枝數大小而定其價値、

[功能]降火瀉熱、專補肺陰、淸肺火、治久咳肺癆、生津止渴、

[辨別]近以售價日昂、率多僞品、不可不辨、西洋參自來祇有光白兩種、近更多毛皮參一種、日本所出僞貨、以小東洋參擦去表皮、名曰副光參、售與吾國、害莫大焉、蓋西洋參滋陰降火、東洋參則補氣助火、故陰虛火旺、勞嗽之人、服眞者固能氣平火斂、咳嗽漸止、若誤服僞品、則反見面赤舌紅、乾咳吐血、口燥氣促、爲害國人、可勝言哉、吾國藥商更爲虎作倀、願爲推銷、以眞者需八九十元、假者祇八九元、故多貪其利而昧良心、可深歎也、檢別之法、眞光西參色白、質輕、性鬆、氣淸芳、切出內層肉紋有細菊花心、味初嚼則苦、漸回甘、淸爽氣味久留口中、僞光參色雖白而質重、性堅、內層肉多實心、無菊花紋、嚼之初甘苦、久則淡而無味、毛西參皮紋深皺、微灰黑色、內肉鬆白、質輕、僞毛參皮紋深陷、質堅重、味淡而兼澁味黏舌、以此別之、眞僞立見、

康按西洋參肺胃有火、口燥咽乾者宜之、有淸養肺胃、止渴生津之效、若以龍眼肉伴蒸、以爲制其苦寒、已失其本意矣、

書名：家庭食物療病法
系列：心一堂・飲食文化經典文庫
原著：【民國】朱仁康
主編・責任編輯：陳劍聰

出版：心一堂有限公司
地址/門市：香港九龍尖沙咀東麼地道六十三號好時中心LG六十一室
電話號碼：+852-6715-0840　+852-3466-1112
網址：www.sunyata.cc　publish.sunyata.cc
電郵：sunyatabook@gmail.com
心一堂 讀者論壇：　http://bbs.sunyata.cc
網上書店：　　　　http://book.sunyata.cc

香港及海外發行：香港聯合書刊物流有限公司
地址：香港新界大埔汀麗路三十六號中華商務印刷大廈三樓
電話號碼：+852-2150-2100
傳真號碼：+852-2407-3062
電郵：info@suplogistics.com.hk

台灣發行：秀威資訊科技股份有限公司
地址：台灣台北市內湖區瑞光路七十六巷六十五號一樓
電話號碼：+886-2-2796-3638
傳真號碼：+886-2-2796-1377
網絡書店：www.bodbooks.com.tw
台灣讀者服務中心：國家書店
地址：台灣台北市中山區松江路二〇九號一樓
電話號碼：+886-2-2518-0207
傳真號碼：+886-2-2518-0778
網絡網址：http://www.govbooks.com.tw/

中國大陸發行・零售：心一堂
深圳地址：中國深圳羅湖立新路六號東門博雅負一層零零八號
電話號碼：+86-755-8222-4934
北京流通處：中國北京東城區雍和宮大街四十號
心一店淘寶網：http://sunyatacc.taobao.com/

版次：二零一四年十一月初版，平裝

定價：
港幣　七十八元正
人民幣　七十八元正
新台幣　二百八十元正

國際書號 ISBN 978-988-8316-06-9